This book belongs to:

....

....

1 Simplify the following expressions into a single power:

a) $(5^2)^3 \times 5^3 \times 5^4 \times 5^2$

b) $(2^3 \times 2^3)^3 \times 2^4$

c) $\dfrac{(3^3)^9 \times 3^4 \times 3^3}{3^3 \times 3^4}$

d) $(2^6)^2 \times 2^4 \times 2^7 \times 2^4$

e) $(3^2 \times 3^2)^3 \times 3^2$

f) $\dfrac{(5^3)^2 \times 5^2 \times 5^3}{5^3 \times 5^4}$

2 Write each radical in exponential expression:

a) $\sqrt[13]{13^3}$

b) $\sqrt[16]{13^{15}}$

c) $\sqrt[17]{17^{16}}$

d) $\sqrt[13]{17^4}$

e) $\sqrt[15]{3^{11}}$

f) $\sqrt[17]{17^9}$

3 Simplify the following expressions into a single power:

a) $3^7 \times 27^2 \div 9^3$

b) $\dfrac{(5^4)^6 \div 125^5}{125^3}$

c) $(5^3 \times 125^2)^4 \div 125^3$

d) $5^4 \times 125^3 \times 125^4$

e) $2^4 \times 4^4 \div 8^3$

f) $\dfrac{(11^4)^3 \div 121^4}{121^2}$

4 Simplify the following expressions into a single root:

a) $\sqrt[4]{7^3} \times \sqrt[3]{5}$

b) $\sqrt[4]{3^6}\sqrt{3^5}$

c) $\sqrt{5^3} \times \sqrt[3]{17}$

d) $\dfrac{\sqrt[8]{5^2}}{\sqrt[4]{3^3}}$

e) $\sqrt[3]{5\sqrt[9]{5}}$

f) $\dfrac{\sqrt[4]{5^2}}{\sqrt[8]{5^3}}$

5 Simplify the following expressions into a single power:

a) $\dfrac{(2^2)^3 \times 2^3 \times 2^4}{2^3 \times 2^6}$

b) $(11^3)^2 \times 11^3 \times 11^3 \times 11^6$

c) $(5^3 \times 5^6)^4 \times 5^3$

d) $\dfrac{(5^3)^2 \times 5^3 \times 5^3}{5^9 \times 5^3}$

e) $(2^2)^2 \times 2^3 \times 2^5 \times 2^4$

f) $(3^3 \times 3^3)^4 \times 3^2$

6 Simplify the following expressions into a single power:

a) $2^2 \times 8^9 \times 4^8$

b) $3^2 \times 27^3 \div 81^2$

c) $\dfrac{(3^6)^3 \div 9^5}{9^2}$

d) $(2^2 \times 8^4)^2 \div 8^4$

e) $3^3 \times 27^3 \times 81^3$

f) $3^4 \times 9^4 \div 9^3$

7 Simplify the following expressions into a single power with positive exponent:

a) $\left[\left(\dfrac{5}{2}\right)^{-3}\right]^2 \times \left(\dfrac{2}{5}\right)^3 \times \left(\dfrac{5}{2}\right)^{-2} \times \left(\dfrac{5}{2}\right)^{-4}$

b) $\left[\left(\dfrac{3}{4}\right)^{-5} \times \left(\dfrac{3}{4}\right)^{-3}\right]^4 \times \left(\dfrac{4}{3}\right)^8$

c) $\dfrac{\left[\left(\dfrac{4}{13}\right)^{-4}\right]^3 \times \left(\dfrac{13}{4}\right)^2 \times \left(\dfrac{13}{4}\right)^4}{\left(\dfrac{4}{13}\right)^{-2} \times \left(\dfrac{13}{4}\right)^3}$

d) $\left[\left(\dfrac{5}{3}\right)^{-7}\right]^4 \times \left(\dfrac{3}{5}\right)^{-2} \times \left(\dfrac{3}{5}\right)^3 \times \left(\dfrac{5}{3}\right)^2$

e) $\left[\left(\dfrac{4}{5}\right)^{-4} \times \left(\dfrac{5}{4}\right)^4\right]^2 \times \left(\dfrac{4}{5}\right)^{-3}$

f) $\dfrac{\left[\left(\dfrac{3}{4}\right)^2\right]^3 \times \left(\dfrac{4}{3}\right)^{-2} \times \left(\dfrac{4}{3}\right)^3}{\left(\dfrac{3}{4}\right)^2 \times \left(\dfrac{4}{3}\right)^{-2}}$

8 Calculate these expressions:

a) $(-5)^2 + 4^4$
b) $(-6)^3 + 3^4$
c) $-5^2 + 8^3$
d) $7^3 + 4^4$
e) $-5^4 + 3^5$
f) $9^2 - (-6)^3$

9 Calculate the following expressions:

a) $(-7)^2 + 2^4$
b) $(-7)^2 + 5^3$
c) $5^2 + 8^3$
d) $(-4)^2 + 2^5$
e) $-7^2 + 5^3$
f) $8^3 + 3^4$

10 Calculate these expressions:

a) $8\sqrt[3]{3} + 6\sqrt[3]{24} + 6\sqrt[3]{375} + 8\sqrt[3]{192}$

b) $6\sqrt[3]{2} + 5\sqrt[3]{432}$

c) $5\sqrt[3]{5} + 7\sqrt[3]{40} - 2\sqrt[3]{625}$

d) $7\sqrt[3]{2} + 8\sqrt[3]{250} + 4\sqrt[3]{16}$

e) $6\sqrt[3]{3} - 3\sqrt[3]{648}$

f) $6\sqrt[3]{3} - 6\sqrt[3]{375} - 7\sqrt[3]{81}$

11 Withdraw any factors you can from inside the radical:

a) $\sqrt[5]{\dfrac{3^{20} \cdot 7^4}{2^3}}$

b) $\sqrt[5]{\dfrac{3^5}{5^2}}$

c) $\sqrt[3]{\dfrac{2 \cdot 3^9 \cdot 5^4}{7^2}}$

d) $\sqrt{\dfrac{3^3}{2^5}}$

e) $\sqrt[4]{2^6 \cdot 3^3 \cdot 7^8}$

f) $\sqrt{2^3 \cdot 3 \cdot 5^2}$

12 Simplify the following expressions into a single power:

a) $(3^3)^3 \times 3^3 \times 3^6 \times 3^3$

b) $(7^8 \times 7^4)^3 \times 7^4$

c) $\dfrac{(13^3)^2 \times 13^3 \times 13^3}{13^4 \times 13^2}$

d) $(5^4)^3 \times 5^4 \times 5^5 \times 5^4$

e) $(7^3 \times 7^3)^3 \times 7^2$

f) $\dfrac{(3^4)^9 \times 3^4 \times 3^5}{3^3 \times 3^2}$

13 Simplify the following expressions:

a) $4^2 - 4^{-3}$

b) $3^{-3} + 3^{-5}$

c) $3^2 - 3^{-3}$

d) $6^2 - 6^{-3}$

e) $5^{-3} + 5^4$

f) $3^{-2} + 3^3$

14 Simplify the following expressions into a single power with positive exponent:

a) $\left[\left(\dfrac{3}{5}\right)^{-8}\right]^4 \times \left(\dfrac{5}{3}\right)^3 \times \left(\dfrac{5}{3}\right)^3 \times \left(\dfrac{5}{3}\right)^3$

b) $\left[\left(\dfrac{3}{5}\right)^2 \times \left(\dfrac{5}{3}\right)^{-6}\right]^2 \times \left(\dfrac{3}{5}\right)^3$

c) $\dfrac{\left[\left(\dfrac{4}{5}\right)^{-5}\right]^3 \times \left(\dfrac{5}{4}\right)^3 \times \left(\dfrac{5}{4}\right)^3}{\left(\dfrac{4}{5}\right)^{-4} \times \left(\dfrac{5}{4}\right)^3}$

d) $\left[\left(\dfrac{5}{3}\right)^{-3}\right]^4 \times \left(\dfrac{5}{3}\right)^{-2} \times \left(\dfrac{5}{3}\right)^{-2} \times \left(\dfrac{5}{3}\right)^{-9}$

e) $\left[\left(\dfrac{13}{12}\right)^{-2} \times \left(\dfrac{13}{12}\right)^{-7}\right]^7 \times \left(\dfrac{13}{12}\right)^{-4}$

f) $\dfrac{\left[\left(\dfrac{5}{2}\right)^{-3}\right]^9 \times \left(\dfrac{5}{2}\right)^3 \times \left(\dfrac{5}{2}\right)^{-2}}{\left(\dfrac{2}{5}\right)^3 \times \left(\dfrac{5}{2}\right)^2}$

15 Simplify the following expressions into a single root:

a) $\sqrt{3^3} \times \sqrt[3]{7^2}$

b) $\sqrt{5^7} \times \sqrt[3]{5^2}$

c) $\sqrt[8]{7^7} \times \sqrt{7^5}$

d) $\sqrt[3]{\sqrt[8]{5^6}}$

e) $\sqrt[5]{7\sqrt{7^3}}$

f) $\sqrt[7]{2^4} \times \sqrt[4]{7^3}$

16 Simplify the following expressions into a single root:

a) $\sqrt[3]{3^8} \times \sqrt[4]{5^2}$

b) $\dfrac{\sqrt[4]{2^3}}{\sqrt[6]{5^2}}$

c) $\sqrt[4]{7^2} \times \sqrt[3]{7^4}$

d) $\dfrac{\sqrt[3]{7^4}}{\sqrt[4]{7^3}}$

e) $\sqrt[3]{\sqrt[4]{7^5}}$

f) $\sqrt[3]{7^2 \sqrt[4]{7^3}}$

17 Simplify the following expressions into a single power:

a) $(3^3 \times 3^3)^7 \times 3^3$

b) $\dfrac{(5^3)^4 \times 5^4 \times 5^3}{5^8 \times 5^4}$

c) $(3^3)^4 \times 3^3 \times 3^4 \times 3^3$

d) $(3^4 \times 3^7)^3 \times 3^2$

e) $\dfrac{(3^5)^3 \times 3^3 \times 3^3}{3^5 \times 3^8}$

f) $(5^3)^3 \times 5^4 \times 5^3 \times 5^2$

18 Simplify each expression by rationalizing the denominator:

a) $\dfrac{15}{\sqrt{6}}$

b) $\dfrac{\sqrt{17}}{\sqrt{3}}$

c) $\dfrac{17}{\sqrt{3}}$

d) $\dfrac{57}{\sqrt{6}}$

e) $\dfrac{\sqrt{8}}{\sqrt{11}}$

f) $\dfrac{1}{\sqrt{7}}$

19 Calculate the integer root and the remainder using the square root algorithm:

a) $\sqrt{98}$ **b)** $\sqrt{16}$ **c)** $\sqrt{30}$ **d)** $\sqrt{230}$

e) $\sqrt{27}$ **f)** $\sqrt{60}$

20 Calculate these expressions:

a) $2\sqrt{3} - 3\sqrt{12} - \sqrt{27}$

b) $4\sqrt{5} - 5\sqrt{80} + 6\sqrt{500}$

c) $2\sqrt{7} + 2\sqrt{63}$

d) $3\sqrt{3} - 2\sqrt{75} + 3\sqrt{12}$

e) $2\sqrt{5} - 4\sqrt{125} - 5\sqrt{80}$

f) $2\sqrt{3} - 4\sqrt{12} + 2\sqrt{48}$

21 Simplify each expression by rationalizing the denominator:

a) $\dfrac{18}{\sqrt[8]{13^5}}$

b) $\dfrac{96}{\sqrt[9]{57}}$

c) $\dfrac{20}{\sqrt[3]{7}}$

d) $\dfrac{57}{\sqrt[5]{69^4}}$

e) $\dfrac{32}{\sqrt[7]{19^5}}$

f) $\dfrac{8}{\sqrt[5]{31^4}}$

22 Simplify the following expressions:

a) $\left(\sqrt{10} - 7\right)^2$

b) $\left(\sqrt{11} + \sqrt{10}\right)\left(\sqrt{11} - \sqrt{10}\right)$

c) $\left(2\sqrt{6} + 1\right)^2$

d) $\left(1 - \sqrt{15}\right)^2$

e) $\left(\sqrt{2} + \sqrt{14}\right)\left(\sqrt{2} - \sqrt{14}\right)$

f) $\left(\sqrt{10} + 1\right)^2$

23 Simplify the following expressions into a single power:

    a) $(2^3)^3 \times 2^2 \times 2^3 \times 2^3$

    b) $(3^4 \times 3^4)^3 \times 3^3$

    c) $\dfrac{(3^3)^4 \times 3^3 \times 3^4}{3^6 \times 3^2}$

    d) $(5^3)^4 \times 5^4 \times 5^4 \times 5^3$

    e) $(5^3 \times 5^2)^2 \times 5^2$

    f) $\dfrac{(5^2)^8 \times 5^3 \times 5^3}{5^4 \times 5^2}$

24 Simplify the following expressions into a single power:

    a) $(3^5 \times 27^3)^2 \div 27^5$

    b) $2^4 \times 4^2 \times 8^4$

    c) $2^3 \times 16^4 \div 8^3$

    d) $\dfrac{(3^3)^8 \div 9^6}{9^3}$

    e) $(3^4 \times 27^4)^3 \div 27^2$

    f) $3^4 \times 81^3 \times 27^2$

25 Find out the following square roots in your head (do not use calculator):

    a) $\sqrt{25}$
    b) $\sqrt{81}$
    c) $\sqrt{4}$

    d) $\sqrt{121}$
    e) $\sqrt{36}$
    f) $\sqrt{49}$

26 Simplify the following expressions into a single power:

    a) $(3^3 \times 3^3)^3 \times 3^4$

    b) $\dfrac{(3^3)^2 \times 3^2 \times 3^3}{3^2 \times 3^2}$

    c) $(3^8)^4 \times 3^2 \times 3^4 \times 3^7$

    d) $(11^3 \times 11^3)^3 \times 11^3$

    e) $\dfrac{(5^3)^2 \times 5^3 \times 5^2}{5^3 \times 5^4}$

    f) $(2^6)^4 \times 2^3 \times 2^3 \times 2^2$

27 Simplify the following expressions into a single power:

    a) $(2^3 \times 32^5)^3 \div 8^3$

    b) $3^5 \times 27^3 \times 81^3$

    c) $2^2 \times 32^3 \div 16^2$

    d) $\dfrac{(3^6)^7 \div 27^2}{9^3}$

    e) $(3^4 \times 27^6)^4 \div 27^2$

    f) $3^7 \times 9^7 \times 9^3$

28 Simplify the following expressions into a single root:

    a) $\sqrt{\sqrt[3]{11^5}}$
    b) $\sqrt[4]{5\sqrt[3]{5^2}}$
    c) $\sqrt[4]{7} \times \sqrt[8]{7^3}$
    d) $\sqrt[4]{7^2\sqrt[3]{7^2}}$

    e) $\sqrt[3]{5^2} \times \sqrt{3^3}$
    f) $\dfrac{\sqrt[3]{5^7}}{\sqrt[5]{7^3}}$

29 Simplify the following expressions into a single power:

a) $(2^4 \times 16^3)^3 \div 8^2$

b) $3^4 \times 9^3 \times 81^4$

c) $3^3 \times 81^4 \div 81^2$

d) $\dfrac{(2^3)^7 \div 64^2}{8^3}$

e) $(5^7 \times 25^4)^3 \div 25^7$

f) $3^3 \times 27^2 \times 81^3$

30 Simplify the following expressions into a single root:

a) $\sqrt[3]{5^2} \times \sqrt[8]{2^7}$

b) $\sqrt[6]{5^7} \times \sqrt{3}$

c) $\sqrt[4]{3^3} \times \sqrt[8]{5^3}$

d) $\dfrac{\sqrt[4]{11^2}}{\sqrt[6]{7^3}}$

e) $\sqrt[9]{\sqrt[8]{2^3}}$

f) $\sqrt[3]{2^7 \sqrt[8]{2^3}}$

31 Calculate the following square roots in your head (do not use calculator):

a) $\sqrt{36}$

b) $\sqrt{64}$

c) $\sqrt{49}$

d) $\sqrt{9}$

e) $\sqrt{100}$

f) $\sqrt{81}$

32 Simplify the following expressions into a single power with positive exponent:

a) $\left[\left(\dfrac{5}{4}\right)^{-3}\right]^2 \times \left(\dfrac{4}{5}\right)^{-3} \times \left(\dfrac{5}{4}\right)^3 \times \left(\dfrac{5}{4}\right)^3$

b) $\left[\left(\dfrac{3}{13}\right)^{-3} \times \left(\dfrac{3}{13}\right)^{-4}\right]^3 \times \left(\dfrac{13}{3}\right)^3$

c) $\dfrac{\left[\left(\dfrac{4}{3}\right)^{-3}\right]^3 \times \left(\dfrac{3}{4}\right)^{-4} \times \left(\dfrac{4}{3}\right)^4}{\left(\dfrac{3}{4}\right)^6 \times \left(\dfrac{4}{3}\right)^3}$

d) $\left[\left(\dfrac{3}{4}\right)^6\right]^5 \times \left(\dfrac{4}{3}\right)^{-2} \times \left(\dfrac{4}{3}\right)^{-3} \times \left(\dfrac{4}{3}\right)^{-2}$

e) $\left[\left(\dfrac{7}{3}\right)^{-4} \times \left(\dfrac{7}{3}\right)^{-2}\right]^4 \times \left(\dfrac{7}{3}\right)^{-3}$

f) $\left[\left(\dfrac{5}{4}\right)^3 \times \left(\dfrac{4}{5}\right)^{-3}\right]^3 \times \left(\dfrac{4}{5}\right)^{-2}$

33 Calculate the following square roots in your head (do not use calculator):

a) $\sqrt{25}$

b) $\sqrt{9}$

c) $\sqrt{81}$

d) $\sqrt{49}$

e) $\sqrt{100}$

f) $\sqrt{64}$

34 Simplify the following expressions into a single root:

a) $\sqrt[3]{7^2 \sqrt[9]{7^4}}$

b) $\sqrt[5]{7^7} \times \sqrt[4]{7^3}$

c) $\dfrac{\sqrt[4]{3^3}}{\sqrt[3]{3}}$

d) $\sqrt[4]{\sqrt{3^3}}$

e) $\sqrt[3]{7^4 \sqrt[4]{7^5}}$

f) $\sqrt[3]{3} \times \sqrt{2}$

35 Simplify each radical by rationalizing the denominator:

a) $\dfrac{6}{\sqrt[7]{33^4}}$

b) $\dfrac{23}{\sqrt[7]{29^4}}$

c) $\dfrac{75}{\sqrt[7]{33^5}}$

d) $\dfrac{13}{\sqrt[6]{17^5}}$

e) $\dfrac{58}{\sqrt[9]{22^8}}$

f) $\dfrac{40}{\sqrt[3]{31^2}}$

36 Simplify the following expressions into a single power:

a) $2^4 \times 4^3 \times 8^2$

b) $\dfrac{(3^3)^9 \div 27^2}{9^2}$

c) $(5^4 \times 125^2)^3 \div 25^3$

d) $7^6 \times 343^3 \times 343^3$

e) $2^3 \times 8^3 \div 8^2$

f) $\dfrac{(2^4)^6 \div 8^3}{8^3}$

37 Simplify the following expressions by rationalizing the denominator:

a) $\dfrac{5}{\sqrt{34} + 2}$

b) $\dfrac{20}{\sqrt{41} - 4}$

c) $\dfrac{\sqrt{42}}{\sqrt{42} - 3}$

d) $\dfrac{10}{\sqrt{14} + 8}$

e) $\dfrac{\sqrt{29}}{\sqrt{29} - 9}$

f) $\dfrac{\sqrt{41}}{\sqrt{41} - 4}$

38 Calculate these expressions:

a) $2^2 + 6^3$

b) $-7^2 + 3^5$

c) $(-3)^2 + 8^3$

d) $(-5)^2 + 4^4$

e) $-5^2 + 2^4$

f) $(-4)^2 + 8^3$

39 Write each exponential expression in radical form:

a) $3^{1/2}$

b) $17^{4/13}$

c) $7^{5/17}$

d) $11^{1/2}$

e) $13^{11/14}$

f) $13^{1/2}$

40 Calculate the following square roots in your head (do not use calculator):

a) $\sqrt{49}$

b) $\sqrt{144}$

c) $\sqrt{36}$

d) $\sqrt{25}$

e) $\sqrt{9}$

f) $\sqrt{16}$

41 Rationalize the following expressions:

a) $\dfrac{38}{\sqrt[7]{29}}$

b) $\dfrac{57}{\sqrt[7]{15^6}}$

c) $\dfrac{15}{\sqrt[3]{11}}$

d) $\dfrac{60}{\sqrt[5]{28}}$

e) $\dfrac{9}{\sqrt[6]{7^5}}$

f) $\dfrac{54}{\sqrt[4]{74^3}}$

42 Simplify the following expressions into a single power:

a) $3^3 \times 27^3 \times 27^4$

b) $5^7 \times 125^3 \times 125^2$

c) $3^3 \times 27^4 \div 9^3$

d) $\dfrac{(2^6)^3 \div 8^3}{8^3}$

e) $(3^4 \times 81^2)^2 \div 81^3$

f) $3^3 \times 9^4 \times 27^3$

43 Simplify the following expressions into a single power with positive exponent:

a) $\left(\dfrac{5}{3}\right)^{-2} \times \left(\dfrac{27}{125}\right)^{-4} \div \left(\dfrac{9}{25}\right)^{2}$

b) $\dfrac{\left[\left(\dfrac{4}{3}\right)^{-3}\right]^{-3} \div \left(\dfrac{9}{16}\right)^{3}}{\left(\dfrac{9}{16}\right)^{-4}}$

c) $\left[\left(\dfrac{3}{7}\right)^{-3} \times \left(\dfrac{343}{27}\right)^{-2}\right]^{3} \div \left(\dfrac{343}{27}\right)^{3}$

d) $\left(\dfrac{3}{4}\right)^{-5} \times \left(\dfrac{27}{64}\right)^{-8} \times \left(\dfrac{256}{81}\right)^{2}$

e) $\left(\dfrac{2}{3}\right)^{-3} \times \left(\dfrac{16}{81}\right)^{3} \div \left(\dfrac{8}{27}\right)^{3}$

f) $\dfrac{\left[\left(\dfrac{3}{4}\right)^{2}\right]^{2} \div \left(\dfrac{64}{27}\right)^{-2}}{\left(\dfrac{64}{27}\right)^{-3}}$

44 Calculate the following square roots in your head (do not use calculator):

a) $\sqrt{81}$

b) $\sqrt{49}$

c) $\sqrt{64}$

d) $\sqrt{100}$

e) $\sqrt{9}$

f) $\sqrt{36}$

45 Calculate these expressions:

a) $2\sqrt{5} + 3\sqrt{45} + 4\sqrt{20}$

b) $4\sqrt{3} - \sqrt{48} + 6\sqrt{27}$

c) $\sqrt{32} + 6\sqrt{50} - 3\sqrt{8} - 4\sqrt{18}$

d) $5\sqrt{3} + 2\sqrt{75}$

e) $2\sqrt{50} - 2\sqrt{32} - \sqrt{8}$

f) $6\sqrt{5} - 4\sqrt{20} - 5\sqrt{80}$

46 Find out the following square roots in your head (do not use calculator):

a) $\sqrt{100}$

b) $\sqrt{81}$

c) $\sqrt{4}$

d) $\sqrt{49}$

e) $\sqrt{121}$

f) $\sqrt{36}$

47 Simplify the following expressions:

a) $2^2 - 2^{-4}$

b) $4^3 - 4^{-4}$

c) $5^2 - 5^{-3}$

d) $5^{-3} + 5^4$

e) $3^2 - 3^{-3}$

f) $6^{-2} + 6^{-3}$

48 Convert the radicals to exponential expressions:

    a) $\sqrt[16]{5^{11}}$ **b)** $\sqrt[11]{17^3}$ **c)** $\sqrt[17]{5^{12}}$ **d)** $\sqrt[4]{17^3}$ **e)** $\sqrt[3]{5}$ **f)** $\sqrt[16]{3^{13}}$

49 Write each radical in exponential expression:

    a) $\sqrt[10]{17^7}$ **b)** $\sqrt[11]{19^3}$ **c)** $\sqrt[3]{11}$ **d)** $\sqrt[3]{7}$ **e)** $\sqrt[17]{7^9}$ **f)** $\sqrt[11]{13^4}$

50 Write each exponential expression in radical notation:

    a) $7^{11/16}$ **b)** $11^{1/3}$ **c)** $7^{12/13}$ **d)** $7^{1/3}$ **e)** $3^{14/17}$ **f)** $2^{7/16}$

51 Simplify the following expressions into a single power:

    a) $\dfrac{(5^3)^4 \div 25^3}{25^2}$ **b)** $(5^4 \times 25^4)^4 \div 125^4$ **c)** $5^6 \times 125^3 \times 25^6$

    d) $\dfrac{(5^8)^4 \div 25^4}{125^7}$ **e)** $(3^2 \times 81^3)^6 \div 81^3$ **f)** $2^3 \times 8^5 \times 8^4$

52 Calculate the following expressions:

    a) $2\sqrt{5} + 6\sqrt{80} + 3\sqrt{125}$ **b)** $3\sqrt{5} + 2\sqrt{20} + 6\sqrt{125}$

    c) $2\sqrt{7} + 3\sqrt{112} - 5\sqrt{252}$ **d)** $2\sqrt{2} - 2\sqrt{98} - 4\sqrt{50}$

    e) $5\sqrt{5} - 2\sqrt{80}$ **f)** $6\sqrt{12} + 5\sqrt{3} + 4\sqrt{27}$

53 Find out the integer root and the remainder using the square root algorithm:

    a) $\sqrt{98}$ **b)** $\sqrt{16}$ **c)** $\sqrt{68}$ **d)** $\sqrt{927}$

    e) $\sqrt{330}$ **f)** $\sqrt{237}$

54 Calculate the following expressions:

    a) $2\sqrt{7} - 3\sqrt{28} + 2\sqrt{175} - \sqrt{343}$ **b)** $6\sqrt{5} - \sqrt{20}$

    c) $3\sqrt{7} - 6\sqrt{175} - 3\sqrt{63}$ **d)** $5\sqrt{5} - 5\sqrt{20}$

    e) $6\sqrt{5} + 5\sqrt{180} - \sqrt{45}$ **f)** $5\sqrt{3} + 3\sqrt{27} + \sqrt{12} + 5\sqrt{48}$

55 Simplify the following expressions into a single power:

a) $(3^2 \times 27^2)^3 \div 27^3$

b) $2^5 \times 8^4 \times 16^3$

c) $3^3 \times 27^2 \div 9^3$

d) $\dfrac{(5^4)^3 \div 25^3}{25^2}$

e) $(5^2 \times 125^9)^3 \div 125^3$

f) $2^4 \times 8^2 \times 4^3$

56 Simplify the following expressions into a single power with positive exponent:

a) $\left[\left(\dfrac{5}{6}\right)^3 \times \left(\dfrac{5}{6}\right)^{-3}\right]^{-2} \times \left(\dfrac{6}{5}\right)^{-3}$

b) $\dfrac{\left[\left(\dfrac{2}{13}\right)^{-2}\right]^3 \times \left(\dfrac{13}{2}\right)^{-3} \times \left(\dfrac{13}{2}\right)^4}{\left(\dfrac{2}{13}\right)^{-4} \times \left(\dfrac{13}{2}\right)^2}$

c) $\left[\left(\dfrac{3}{5}\right)^4\right]^2 \times \left(\dfrac{5}{3}\right)^{-3} \times \left(\dfrac{3}{5}\right)^4 \times \left(\dfrac{5}{3}\right)^{-2}$

d) $\left[\left(\dfrac{5}{4}\right)^{-4} \times \left(\dfrac{4}{5}\right)^3\right]^7 \times \left(\dfrac{4}{5}\right)^3$

e) $\left[\left(\dfrac{3}{4}\right)^{-4} \times \left(\dfrac{3}{4}\right)^3\right]^{-3} \times \left(\dfrac{3}{4}\right)^4$

f) $\dfrac{\left[\left(\dfrac{5}{11}\right)^{-3}\right]^3 \times \left(\dfrac{5}{11}\right)^2 \times \left(\dfrac{5}{11}\right)^{-3}}{\left(\dfrac{11}{5}\right)^3 \times \left(\dfrac{5}{11}\right)^{-4}}$

57 Calculate the following expressions:

a) $8\sqrt[3]{24} - 7\sqrt[3]{192}$

b) $\sqrt[3]{2} - 4\sqrt[3]{54} - 8\sqrt[3]{128}$

c) $5\sqrt[3]{54} - 4\sqrt[3]{2}$

d) $2\sqrt[3]{2} + 5\sqrt[3]{432} - 3\sqrt[3]{54}$

e) $8\sqrt[3]{3} + 6\sqrt[3]{81}$

f) $7\sqrt[3]{648} - 8\sqrt[3]{375} + 9\sqrt[3]{192}$

58 Find out the integer root and the remainder using the square root algorithm:

a) $\sqrt{222}$ **b)** $\sqrt{542}$ **c)** $\sqrt{160}$ **d)** $\sqrt{291}$

e) $\sqrt{441}$ **f)** $\sqrt{41}$

59 Simplify the following expressions:

a) $\left(\sqrt{11} + \sqrt{3}\right)^2$

b) $\left(\sqrt{13} - 3\right)^2$

c) $\left(1 + 2\sqrt{11}\right)\left(1 - 2\sqrt{11}\right)$

d) $\left(1 + 2\sqrt{14}\right)^2$

e) $\left(\sqrt{7} - 9\right)^2$

f) $\left(\sqrt{13} + \sqrt{3}\right)\left(\sqrt{13} - \sqrt{3}\right)$

60 Simplify the following expressions:

a) $6^{-2} + 6^{-3}$ b) $2^{-3} + 2^4$ c) $2^2 - 2^{-4}$ d) $6^{-2} + 6^3$ e) $3^2 - 3^{-3}$

f) $8^{-2} + 8^3$

61 Simplify the following expressions by rationalizing the denominator:

a) $\dfrac{58}{\sqrt[5]{74^3}}$ b) $\dfrac{16}{\sqrt[3]{31^2}}$ c) $\dfrac{42}{\sqrt[7]{93^4}}$ d) $\dfrac{36}{\sqrt[3]{11}}$

e) $\dfrac{36}{\sqrt[7]{52^2}}$ f) $\dfrac{75}{\sqrt[5]{21^3}}$

62 Simplify the following expressions:

a) $\left(\sqrt{7} + 1\right)^2$ b) $\left(3\sqrt{10} - \sqrt{14}\right)^2$

c) $\left(1 + 3\sqrt{2}\right)\left(1 - 3\sqrt{2}\right)$ d) $\left(1 + 3\sqrt{2}\right)^2$

e) $\left(2\sqrt{13} - \sqrt{6}\right)^2$ f) $\left(1 + \sqrt{14}\right)\left(1 - \sqrt{14}\right)$

63 Write each exponential expression in radical form:

a) $7^{13/14}$ b) $3^{11/18}$ c) $2^{16/17}$ d) $3^{2/15}$ e) $11^{1/3}$ f) $3^{1/3}$

64 Simplify each expression by rationalizing the denominator:

a) $\dfrac{36}{\sqrt[5]{7^4}}$ b) $\dfrac{17}{\sqrt[4]{3^3}}$ c) $\dfrac{14}{\sqrt[6]{46^5}}$ d) $\dfrac{24}{\sqrt[4]{21^3}}$

e) $\dfrac{16}{\sqrt[7]{5^2}}$ f) $\dfrac{20}{\sqrt[6]{92^5}}$

65 Simplify the following expressions into a single power:

a) $\dfrac{(3^4)^7 \times 3^2 \times 3^2}{3^2 \times 3^3}$ b) $(2^4)^2 \times 2^2 \times 2^2 \times 2^2$ c) $(3^3 \times 3^3)^2 \times 3^2$

d) $\dfrac{(2^6)^2 \times 2^4 \times 2^3}{2^9 \times 2^7}$ e) $\dfrac{(5^3)^2 \times 5^3 \times 5^3}{5^3 \times 5^3}$ f) $(3^3)^3 \times 3^2 \times 3^6 \times 3^3$

66 Calculate the following expressions:

a) $-2^2 + 4^4$ b) $-5^2 + 2^4$ c) $-6^3 + 4^4$ d) $-4^4 + 2^5$ e) $(-8)^2 + 7^3$

f) $(-8)^2 + 4^4$

67 Simplify the following expressions into a single power with positive exponent:

a) $\dfrac{\left[\left(\frac{4}{5}\right)^{-3}\right]^2 \div \left(\frac{125}{64}\right)^{-3}}{\left(\frac{125}{64}\right)^2}$

b) $\left[\left(\frac{3}{5}\right)^{-4} \times \left(\frac{25}{9}\right)^{-4}\right]^3 \div \left(\frac{25}{9}\right)^3$

c) $\left(\frac{3}{4}\right)^3 \times \left(\frac{9}{16}\right)^{-3} \times \left(\frac{64}{27}\right)^{-4}$

d) $\left(\frac{3}{4}\right)^2 \times \left(\frac{81}{256}\right)^{-3} \div \left(\frac{27}{64}\right)^2$

e) $\dfrac{\left[\left(\frac{3}{4}\right)^4\right]^3 \div \left(\frac{27}{64}\right)^3}{\left(\frac{81}{256}\right)^3}$

f) $\dfrac{\left[\left(\frac{2}{3}\right)^4\right]^3 \div \left(\frac{27}{8}\right)^2}{\left(\frac{27}{8}\right)^3}$

68 Simplify the following expressions into a single power:

a) $3^5 \times 9^5 \div 9^2$

b) $\dfrac{(3^7)^4 \div 9^4}{81^3}$

c) $(3^4 \times 81^4)^3 \div 27^4$

d) $2^3 \times 4^3 \times 8^3$

e) $3^3 \times 27^6 \div 27^2$

f) $\dfrac{(3^8)^3 \div 27^4}{27^4}$

69 Simplify the following expressions into a single root:

a) $\sqrt[3]{\sqrt[4]{3^7}}$

b) $\sqrt[7]{7} \times \sqrt[4]{3^3}$

c) $\dfrac{\sqrt{3^3}}{\sqrt[4]{5^2}}$

d) $\dfrac{\sqrt[7]{7^3}}{\sqrt{2^9}}$

e) $\sqrt[5]{19^4} \times \sqrt[3]{19^2}$

f) $\dfrac{\sqrt[3]{2^5}}{\sqrt[4]{2^3}}$

70 Simplify the following expressions into a single power with positive exponent:

a) $\dfrac{\left[\left(\frac{5}{2}\right)^{-3}\right]^{3} \times \left(\frac{5}{2}\right)^{-2} \times \left(\frac{5}{2}\right)^{-5}}{\left(\frac{5}{2}\right)^{-3} \times \left(\frac{5}{2}\right)^{-3}}$

b) $\left[\left(\frac{5}{3}\right)^{-4} \times \left(\frac{5}{3}\right)^{-4}\right]^{7} \times \left(\frac{5}{3}\right)^{-5}$

c) $\dfrac{\left[\left(\frac{4}{3}\right)^{4}\right]^{3} \times \left(\frac{3}{4}\right)^{-3} \times \left(\frac{4}{3}\right)^{3}}{\left(\frac{3}{4}\right)^{-4} \times \left(\frac{4}{3}\right)^{4}}$

d) $\left[\left(\frac{4}{5}\right)^{3}\right]^{7} \times \left(\frac{4}{5}\right)^{3} \times \left(\frac{4}{5}\right)^{5} \times \left(\frac{4}{5}\right)^{-3}$

e) $\left[\left(\frac{3}{5}\right)^{3} \times \left(\frac{3}{5}\right)^{7}\right]^{3} \times \left(\frac{5}{3}\right)^{-3}$

f) $\dfrac{\left[\left(\frac{5}{4}\right)^{9}\right]^{4} \times \left(\frac{5}{4}\right)^{3} \times \left(\frac{4}{5}\right)^{-3}}{\left(\frac{4}{5}\right)^{2} \times \left(\frac{4}{5}\right)^{-3}}$

71 Calculate the following expressions:

a) $4^4 + 3^5$ b) $-3^2 + 7^3$ c) $8^2 + 5^3$ d) $2^4 + 3^5$ e) $8^3 + 5^4$

f) $(-6)^2 + 7^3$

72 Calculate these expressions:

a) $7^2 + 8^3$ b) $7^3 + 3^4$ c) $-7^2 + 3^4$ d) $4^4 + 2^5$ e) $7^2 + 5^3$

f) $6^3 + 3^5$

73 Calculate the integer root and the remainder using the square root algorithm:

a) $\sqrt{23365}$ b) $\sqrt{18378}$ c) $\sqrt{24644}$ d) $\sqrt{7108}$

e) $\sqrt{632025}$ f) $\sqrt{33400}$

74 Simplify the following expressions by rationalizing the denominator:

a) $\dfrac{7}{\sqrt[7]{5^6}}$ b) $\dfrac{23}{\sqrt[3]{29^2}}$ c) $\dfrac{78}{\sqrt[7]{21^4}}$ d) $\dfrac{15}{\sqrt[7]{37^3}}$

e) $\dfrac{96}{\sqrt[4]{51^3}}$ f) $\dfrac{23}{\sqrt[8]{19^3}}$

75 Find out the following square roots in your head (do not use calculator):

a) $\sqrt{36}$ b) $\sqrt{25}$ c) $\sqrt{100}$

d) $\sqrt{121}$ e) $\sqrt{49}$ f) $\sqrt{81}$

76 Simplify the following expressions into a single power with positive exponent:

a) $\left[\left(\dfrac{3}{7}\right)^{-4}\right]^{4} \times \left(\dfrac{3}{7}\right)^{-3} \times \left(\dfrac{3}{7}\right)^{-4} \times \left(\dfrac{7}{3}\right)^{4}$

b) $\left[\left(\dfrac{4}{3}\right)^{-6} \times \left(\dfrac{4}{3}\right)^{-3}\right]^{2} \times \left(\dfrac{4}{3}\right)^{-2}$

c) $\dfrac{\left[\left(\dfrac{5}{4}\right)^{3}\right]^{5} \times \left(\dfrac{5}{4}\right)^{3} \times \left(\dfrac{5}{4}\right)^{2}}{\left(\dfrac{4}{5}\right)^{-2} \times \left(\dfrac{5}{4}\right)^{4}}$

d) $\left[\left(\dfrac{4}{7}\right)^{2}\right]^{3} \times \left(\dfrac{4}{7}\right)^{3} \times \left(\dfrac{7}{4}\right)^{-2} \times \left(\dfrac{4}{7}\right)^{-2}$

e) $\left[\left(\dfrac{5}{4}\right)^{3} \times \left(\dfrac{5}{4}\right)^{3}\right]^{2} \times \left(\dfrac{4}{5}\right)^{-4}$

f) $\dfrac{\left[\left(\dfrac{5}{3}\right)^{2}\right]^{4} \times \left(\dfrac{3}{5}\right)^{-4} \times \left(\dfrac{5}{3}\right)^{3}}{\left(\dfrac{5}{3}\right)^{3} \times \left(\dfrac{3}{5}\right)^{-3}}$

77 Find out the integer root and the remainder using the square root algorithm:

a) $\sqrt{22}$ b) $\sqrt{94}$ c) $\sqrt{96}$ d) $\sqrt{900}$

e) $\sqrt{60}$ f) $\sqrt{17}$

78 Calculate the following expressions:

a) $\sqrt{3} - 2\sqrt{12}$

b) $4\sqrt{180} - \sqrt{20} - 4\sqrt{80}$

c) $4\sqrt{3} - \sqrt{48} + 3\sqrt{27} + 2\sqrt{75}$

d) $6\sqrt{7} - 5\sqrt{175}$

e) $3\sqrt{3} + 4\sqrt{75} - 4\sqrt{27}$

f) $2\sqrt{3} - 4\sqrt{27} - 5\sqrt{147} - 2\sqrt{192}$

79 Find out the integer root and the remainder using the square root algorithm:

a) $\sqrt{29890}$ b) $\sqrt{88342}$ c) $\sqrt{30976}$ d) $\sqrt{38909}$

e) $\sqrt{68864}$ f) $\sqrt{24512}$

80 Calculate these expressions:

a) $9\sqrt[3]{3} - 2\sqrt[3]{192} + 6\sqrt[3]{81}$

b) $4\sqrt[3]{5} + 2\sqrt[3]{135} + 5\sqrt[3]{320}$

c) $4\sqrt[3]{3} - 7\sqrt[3]{192} - 3\sqrt[3]{24} + 4\sqrt[3]{81}$

d) $8\sqrt[3]{3} + 8\sqrt[3]{648}$

e) $4\sqrt[3]{3} + 3\sqrt[3]{375} + 4\sqrt[3]{81}$

f) $3\sqrt[3]{3} + 4\sqrt[3]{81} + 2\sqrt[3]{648} - 4\sqrt[3]{192}$

81 Find out the integer root and the remainder using the square root algorithm:

    a) $\sqrt{724685}$ **b)** $\sqrt{90632}$ **c)** $\sqrt{75296}$ **d)** $\sqrt{53173}$

    e) $\sqrt{25281}$ **f)** $\sqrt{7664}$

82 Simplify the following expressions into a single power:

    a) $(2^4 \times 2^3)^3 \times 2^2$ **b)** $\dfrac{(3^3)^2 \times 3^4 \times 3^2}{3^3 \times 3^3}$ **c)** $(3^3)^4 \times 3^2 \times 3^3 \times 3^2$

    d) $(2^7 \times 2^3)^2 \times 2^3$ **e)** $\dfrac{(3^4)^3 \times 3^3 \times 3^2}{3^4 \times 3^3}$ **f)** $(3^4)^3 \times 3^4 \times 3^4 \times 3^3$

83 Simplify the following expressions:

    a) $3^3 - 3^{-4}$ **b)** $4^2 - 4^{-3}$ **c)** $2^2 - 2^{-5}$ **d)** $5^3 - 5^{-4}$ **e)** $3^{-3} + 3^5$

    f) $3^{-2} + 3^{-3}$

84 Calculate these expressions:

    a) $8^2 + 4^3$ **b)** $10^2 + 3^5$ **c)** $(-5)^2 + 8^3$ **d)** $8^3 + 5^4$ **e)** $(-7)^3 + 3^5$

    f) $8^2 + 4^4$

85 Simplify the following expressions:

    a) $4^{-3} + 4^{-4}$ **b)** $4^{-2} + 4^3$ **c)** $2^2 - 2^{-5}$ **d)** $2^{-2} + 2^4$ **e)** $3^{-2} + 3^3$

    f) $5^{-2} + 5^{-4}$

86 Calculate the following expressions:

    a) $5\sqrt[3]{2} - 9\sqrt[3]{54}$ **b)** $4\sqrt[3]{3} - \sqrt[3]{648} + \sqrt[3]{192}$

    c) $3\sqrt[3]{3} + \sqrt[3]{375}$ **d)** $3\sqrt[3]{5} - 3\sqrt[3]{625} - 3\sqrt[3]{40}$

    e) $8\sqrt[3]{2} + \sqrt[3]{16}$ **f)** $3\sqrt[3]{2} - 5\sqrt[3]{128} - 8\sqrt[3]{16}$

87 Find out the integer root and the remainder using the square root algorithm:

    a) $\sqrt{76}$ **b)** $\sqrt{722}$ **c)** $\sqrt{9}$ **d)** $\sqrt{22}$

    e) $\sqrt{29}$ **f)** $\sqrt{923}$

88 Simplify the following expressions:

    a) $\left(2\sqrt{7} + 1\right)\left(2\sqrt{7} - 1\right)$ **b)** $\left(5 + 6\sqrt{2}\right)^2$

    c) $\left(\sqrt{3} - \sqrt{5}\right)^2$ **d)** $\left(2\sqrt{14} + \sqrt{11}\right)\left(2\sqrt{14} - \sqrt{11}\right)$

    e) $\left(\sqrt{11} + \sqrt{3}\right)^2$ **f)** $\left(1 - \sqrt{7}\right)^2$

89 Rationalize the following expressions:

a) $\dfrac{1}{\sqrt{3}}$ b) $\dfrac{30}{\sqrt{14}}$ c) $\dfrac{\sqrt{13}}{\sqrt{7}}$ d) $\dfrac{1}{\sqrt{7}}$

e) $\dfrac{15}{\sqrt{21}}$ f) $\dfrac{\sqrt{15}}{\sqrt{13}}$

90 Simplify the following expressions:

a) $8^{-2} + 8^{-3}$ b) $4^2 - 4^{-3}$ c) $4^{-2} + 4^{-3}$ d) $3^{-2} + 3^3$ e) $2^{-3} + 2^{-5}$

f) $7^2 - 7^{-3}$

91 Simplify each radical by rationalizing the denominator:

a) $\dfrac{\sqrt{15}}{\sqrt{2}}$ b) $\dfrac{45}{\sqrt{33}}$ c) $\dfrac{\sqrt{20}}{\sqrt{7}}$ d) $\dfrac{11}{\sqrt{3}}$

e) $\dfrac{18}{\sqrt{15}}$ f) $\dfrac{\sqrt{13}}{\sqrt{11}}$

92 Simplify the following expressions into a single power:

a) $\dfrac{(2^2)^3 \times 2^3 \times 2^4}{2^4 \times 2^2}$ b) $(5^4)^4 \times 5^5 \times 5^6 \times 5^3$ c) $(2^3 \times 2^3)^7 \times 2^3$

d) $\dfrac{(5^3)^7 \times 5^3 \times 5^3}{5^3 \times 5^3}$ e) $(3^3)^4 \times 3^2 \times 3^3 \times 3^3$ f) $(3^5 \times 3^3)^8 \times 3^2$

93 Rationalize the following expressions:

a) $\dfrac{\sqrt{19}}{\sqrt{7}}$ b) $\dfrac{9}{\sqrt{11}}$ c) $\dfrac{6}{\sqrt{11}}$ d) $\dfrac{\sqrt{19}}{\sqrt{11}}$

e) $\dfrac{8}{\sqrt{3}}$ f) $\dfrac{25}{\sqrt{55}}$

94 Find out the integer root and the remainder using the square root algorithm:

a) $\sqrt{978}$ b) $\sqrt{233}$ c) $\sqrt{827}$ d) $\sqrt{39}$

e) $\sqrt{50}$ f) $\sqrt{327}$

95 Calculate these expressions:

    a) $6\sqrt{3} + \sqrt{27} + 5\sqrt{12} - 3\sqrt{48}$ **b)** $5\sqrt{3} - 6\sqrt{27}$

    c) $5\sqrt{2} - 3\sqrt{32} - \sqrt{50}$ **d)** $\sqrt{2} + 5\sqrt{8}$

    e) $3\sqrt{5} - 4\sqrt{45} - 4\sqrt{20}$ **f)** $6\sqrt{5} + 6\sqrt{80} - 3\sqrt{180}$

96 Write each exponential expression in radical form:

    a) $13^{1/2}$ **b)** $2^{6/17}$ **c)** $17^{12/13}$ **d)** $3^{1/2}$ **e)** $19^{11/12}$ **f)** $11^{7/8}$

97 Calculate these expressions:

    a) $6^2 + 5^3$ **b)** $3^3 + 2^6$ **c)** $-8^3 + 2^4$ **d)** $(-3)^2 + 6^3$ **e)** $10^2 + 3^4$

    f) $6^2 - (-5)^4$

98 Find out the following square roots in your head (do not use calculator):

    a) $\sqrt{25}$ **b)** $\sqrt{16}$ **c)** $\sqrt{100}$

    d) $\sqrt{81}$ **e)** $\sqrt{121}$ **f)** $\sqrt{49}$

99 Simplify the following expressions:

    a) $4^{-2} + 4^{-3}$ **b)** $5^{-3} + 5^{-4}$ **c)** $4^3 - 4^{-4}$ **d)** $6^2 - 6^{-3}$ **e)** $2^2 - 2^{-3}$

    f) $5^2 - 5^{-3}$

100 Simplify the following expressions:

    a) $3^2 - 3^{-3}$ **b)** $6^2 - 6^{-3}$ **c)** $3^{-2} + 3^4$ **d)** $8^2 - 8^{-3}$ **e)** $7^2 - 7^{-3}$

    f) $8^{-2} + 8^3$

101 Simplify the following expressions into a single power:

    a) $\dfrac{(5^9)^3 \div 125^3}{125^3}$ **b)** $(2^4 \times 4^2)^3 \div 8^3$ **c)** $3^4 \times 27^2 \times 27^3$

    d) $3^3 \times 81^4 \div 81^2$ **e)** $\dfrac{(5^3)^4 \div 25^3}{25^3}$ **f)** $(2^2 \times 16^3)^3 \div 4^4$

102 Calculate these expressions:

a) $4\sqrt[3]{192} + 5\sqrt[3]{81} - 4\sqrt[3]{375}$

b) $9\sqrt[3]{2} - 8\sqrt[3]{128} + 4\sqrt[3]{16}$

c) $6\sqrt[3]{7} + 3\sqrt[3]{189}$

d) $8\sqrt[3]{648} - 2\sqrt[3]{375} + 5\sqrt[3]{81}$

e) $6\sqrt[3]{5} - 8\sqrt[3]{320} + 2\sqrt[3]{40}$

f) $2\sqrt[3]{3} + 4\sqrt[3]{192} + 5\sqrt[3]{24}$

103 Find out the integer root and the remainder using the square root algorithm:

a) $\sqrt{492}$ b) $\sqrt{63}$ c) $\sqrt{826}$ d) $\sqrt{16}$

e) $\sqrt{91}$ f) $\sqrt{467}$

104 Calculate these expressions:

a) $4^3 + 2^6$ b) $8^2 + 6^3$ c) $3^3 + 4^4$ d) $4^4 + 2^5$ e) $(-7)^3 + 2^5$

f) $5^2 + 8^3$

105 Simplify the following expressions into a single power with positive exponent:

a) $\left[\left(\dfrac{3}{4}\right)^{-4} \times \left(\dfrac{4}{3}\right)^2\right]^4 \times \left(\dfrac{3}{4}\right)^{-3}$

b) $\dfrac{\left[\left(\dfrac{2}{7}\right)^{-4}\right]^3 \times \left(\dfrac{2}{7}\right)^{-3} \times \left(\dfrac{2}{7}\right)^{-3}}{\left(\dfrac{2}{7}\right)^3 \times \left(\dfrac{7}{2}\right)^3}$

c) $\left[\left(\dfrac{4}{11}\right)^{-5}\right]^3 \times \left(\dfrac{4}{11}\right)^{-4} \times \left(\dfrac{4}{11}\right)^3 \times \left(\dfrac{11}{4}\right)^{-4}$

d) $\left[\left(\dfrac{3}{4}\right)^{-3} \times \left(\dfrac{3}{4}\right)^{-3}\right]^{-3} \times \left(\dfrac{4}{3}\right)^2$

e) $\dfrac{\left[\left(\dfrac{3}{2}\right)^{-3}\right]^9 \times \left(\dfrac{2}{3}\right)^3 \times \left(\dfrac{2}{3}\right)^2}{\left(\dfrac{3}{2}\right)^{-4} \times \left(\dfrac{2}{3}\right)^5}$

f) $\left[\left(\dfrac{13}{4}\right)^{-4} \times \left(\dfrac{4}{13}\right)^{-3}\right]^4 \times \left(\dfrac{13}{4}\right)^3$

106 Simplify the following expressions into a single power with positive exponent:

a) $\left(\dfrac{3}{5}\right)^2 \times \left(\dfrac{27}{125}\right)^2 \div \left(\dfrac{9}{25}\right)^4$

b) $\left(\dfrac{3}{2}\right)^3 \times \left(\dfrac{8}{27}\right)^3 \div \left(\dfrac{27}{8}\right)^4$

c) $\left(\dfrac{3}{4}\right)^4 \times \left(\dfrac{64}{27}\right)^{-3} \times \left(\dfrac{27}{64}\right)^3$

d) $\left(\dfrac{5}{2}\right)^{-3} \times \left(\dfrac{4}{25}\right)^{-4} \times \left(\dfrac{125}{8}\right)^4$

e) $\left(\dfrac{2}{3}\right)^4 \times \left(\dfrac{81}{16}\right)^2 \div \left(\dfrac{9}{4}\right)^{-4}$

f) $\left(\dfrac{4}{5}\right)^{-3} \times \left(\dfrac{25}{16}\right)^3 \times \left(\dfrac{16}{25}\right)^{-3}$

107 Simplify the following expressions by rationalizing the denominator:

a) $\dfrac{50}{\sqrt[4]{22^3}}$ b) $\dfrac{57}{\sqrt[5]{51^3}}$ c) $\dfrac{60}{\sqrt[5]{44^3}}$ d) $\dfrac{6}{\sqrt[9]{31}}$

e) $\dfrac{20}{\sqrt[3]{3^2}}$ f) $\dfrac{74}{\sqrt[5]{58^2}}$

108 Simplify the following expressions:

a) $\left(\sqrt{5}+1\right)^2$ b) $\left(\sqrt{3}-\sqrt{15}\right)^2$

c) $\left(2\sqrt{5}+2\right)\left(2\sqrt{5}-2\right)$ d) $\left(\sqrt{3}+1\right)^2$

e) $\left(\sqrt{6}-1\right)^2$ f) $\left(\sqrt{10}+9\right)\left(\sqrt{10}-9\right)$

109 Simplify the following expressions into a single power:

a) $(7^3 \times 343^2)^3 \div 49^6$ b) $2^3 \times 8^4 \times 256^3$ c) $3^2 \times 27^9 \div 27^4$

d) $3^7 \times 81^3 \times 27^2$ e) $2^3 \times 4^4 \div 8^3$ f) $\dfrac{(5^5)^5 \div 125^4}{25^2}$

110 Simplify the following expressions into a single power with positive exponent:

a) $\dfrac{\left[\left(\frac{3}{4}\right)^3\right]^7 \times \left(\frac{3}{4}\right)^{-2} \times \left(\frac{4}{3}\right)^3}{\left(\frac{3}{4}\right)^{-3} \times \left(\frac{4}{3}\right)^3}$

b) $\left[\left(\frac{3}{4}\right)^{-3}\right]^3 \times \left(\frac{3}{4}\right)^5 \times \left(\frac{3}{4}\right)^{-2} \times \left(\frac{3}{4}\right)^4$

c) $\left[\left(\frac{2}{3}\right)^{-3} \times \left(\frac{3}{2}\right)^2\right]^2 \times \left(\frac{2}{3}\right)^{-3}$

d) $\dfrac{\left[\left(\frac{4}{3}\right)^3\right]^3 \times \left(\frac{4}{3}\right)^{-9} \times \left(\frac{3}{4}\right)^6}{\left(\frac{3}{4}\right)^2 \times \left(\frac{3}{4}\right)^5}$

e) $\left[\left(\frac{3}{4}\right)^3\right]^2 \times \left(\frac{3}{4}\right)^3 \times \left(\frac{4}{3}\right)^{-8} \times \left(\frac{4}{3}\right)^3$

f) $\left[\left(\frac{5}{2}\right)^{-2} \times \left(\frac{5}{2}\right)^{-3}\right]^3 \times \left(\frac{2}{5}\right)^2$

111 Write each radical in exponential expression:

a) $\sqrt[11]{7^5}$ b) $\sqrt{17}$ c) $\sqrt[3]{5}$ d) $\sqrt{2}$ e) $\sqrt[11]{13^5}$ f) $\sqrt[3]{3}$

112 Calculate the following expressions:

a) $9\sqrt[3]{7} - 8\sqrt[3]{189}$

b) $2\sqrt[3]{5} - 2\sqrt[3]{320} + 7\sqrt[3]{40}$

c) $4\sqrt[3]{3} + 4\sqrt[3]{648} + 2\sqrt[3]{375} - 7\sqrt[3]{24}$

d) $9\sqrt[3]{2} - 6\sqrt[3]{16}$

e) $\sqrt[3]{5} + \sqrt[3]{135} + 4\sqrt[3]{625}$

f) $7\sqrt[3]{3} - 3\sqrt[3]{648} + 7\sqrt[3]{24} + 6\sqrt[3]{375}$

113 Simplify the following expressions by rationalizing the denominator:

a) $\dfrac{4}{\sqrt{40} - 8}$

b) $\dfrac{\sqrt{18}}{\sqrt{18} - 8}$

c) $\dfrac{17}{\sqrt{24} + 3}$

d) $\dfrac{15}{\sqrt{34} - 3}$

e) $\dfrac{\sqrt{10}}{\sqrt{10} - 4}$

f) $\dfrac{13}{\sqrt{26} + 4}$

114 Simplify each expression by rationalizing the denominator:

a) $\dfrac{\sqrt{6}}{\sqrt{13}}$

b) $\dfrac{9}{\sqrt{5}}$

c) $\dfrac{42}{\sqrt{39}}$

d) $\dfrac{\sqrt{10}}{\sqrt{3}}$

e) $\dfrac{9}{\sqrt{11}}$

f) $\dfrac{10}{\sqrt{15}}$

115 Simplify each radical by rationalizing the denominator:

a) $\dfrac{85}{\sqrt{55}}$

b) $\dfrac{\sqrt{8}}{\sqrt{7}}$

c) $\dfrac{8}{\sqrt{11}}$

d) $\dfrac{40}{\sqrt{15}}$

e) $\dfrac{\sqrt{6}}{\sqrt{11}}$

f) $\dfrac{12}{\sqrt{13}}$

116 Simplify the following expressions into a single power:

a) $(3^5 \times 3^4)^4 \times 3^2$

b) $\dfrac{(3^4)^4 \times 3^4 \times 3^3}{3^2 \times 3^3}$

c) $(3^3)^3 \times 3^3 \times 3^2 \times 3^4$

d) $(3^4 \times 3^2)^2 \times 3^2$

e) $\dfrac{(3^3)^3 \times 3^2 \times 3^3}{3^5 \times 3^3}$

f) $(5^2)^4 \times 5^3 \times 5^3 \times 5^3$

117 Simplify the following expressions into a single power with positive exponent:

a) $\dfrac{\left[\left(\frac{3}{4}\right)^{-4}\right]^4 \div \left(\frac{16}{9}\right)^2}{\left(\frac{16}{9}\right)^4}$

b) $\left[\left(\frac{4}{3}\right)^3 \times \left(\frac{27}{64}\right)^3\right]^2 \div \left(\frac{27}{64}\right)^4$

c) $\left(\frac{2}{3}\right)^4 \times \left(\frac{4}{9}\right)^{-3} \times \left(\frac{27}{8}\right)^2$

d) $\left(\frac{7}{4}\right)^{-2} \times \left(\frac{343}{64}\right)^6 \div \left(\frac{64}{343}\right)^{-3}$

e) $\dfrac{\left[\left(\frac{2}{3}\right)^{-3}\right]^3 \div \left(\frac{81}{16}\right)^{-3}}{\left(\frac{9}{4}\right)^2}$

f) $\left[\left(\frac{3}{4}\right)^{-4} \times \left(\frac{64}{27}\right)^{-3}\right]^3 \div \left(\frac{81}{256}\right)^{-3}$

118 Simplify the following expressions into a single power with positive exponent:

a) $\left[\left(\frac{3}{13}\right)^3 \times \left(\frac{3}{13}\right)^3\right]^3 \times \left(\frac{13}{3}\right)^{-4}$

b) $\dfrac{\left[\left(\frac{4}{3}\right)^8\right]^3 \times \left(\frac{3}{4}\right)^4 \times \left(\frac{3}{4}\right)^2}{\left(\frac{4}{3}\right)^3 \times \left(\frac{3}{4}\right)^{-3}}$

c) $\left[\left(\frac{2}{5}\right)^{-3}\right]^3 \times \left(\frac{5}{2}\right)^3 \times \left(\frac{5}{2}\right)^4 \times \left(\frac{5}{2}\right)^8$

d) $\left[\left(\frac{7}{5}\right)^6 \times \left(\frac{5}{7}\right)^{-5}\right]^4 \times \left(\frac{7}{5}\right)^4$

e) $\dfrac{\left[\left(\frac{3}{5}\right)^{-3}\right]^5 \times \left(\frac{3}{5}\right)^5 \times \left(\frac{3}{5}\right)^{-3}}{\left(\frac{5}{3}\right)^{-7} \times \left(\frac{5}{3}\right)^6}$

f) $\left[\left(\frac{4}{5}\right)^2\right]^4 \times \left(\frac{5}{4}\right)^4 \times \left(\frac{4}{5}\right)^{-8} \times \left(\frac{5}{4}\right)^3$

119 Simplify the following expressions into a single power with positive exponent:

a) $\left[\left(\dfrac{3}{4}\right)^2\right]^6 \times \left(\dfrac{3}{4}\right)^3 \times \left(\dfrac{4}{3}\right)^{-5} \times \left(\dfrac{4}{3}\right)^{-3}$

b) $\left[\left(\dfrac{4}{3}\right)^{-2} \times \left(\dfrac{3}{4}\right)^4\right]^4 \times \left(\dfrac{3}{4}\right)^5$

c) $\left[\left(\dfrac{3}{2}\right)^{-3} \times \left(\dfrac{3}{2}\right)^{-3}\right]^3 \times \left(\dfrac{3}{2}\right)^5$

d) $\dfrac{\left[\left(\dfrac{11}{5}\right)^3\right]^2 \times \left(\dfrac{5}{11}\right)^{-4} \times \left(\dfrac{11}{5}\right)^8}{\left(\dfrac{5}{11}\right)^{-2} \times \left(\dfrac{11}{5}\right)^3}$

e) $\left[\left(\dfrac{5}{3}\right)^{-4} \times \left(\dfrac{3}{5}\right)^{-3}\right]^4 \times \left(\dfrac{5}{3}\right)^{-3}$

f) $\dfrac{\left[\left(\dfrac{5}{4}\right)^{-6}\right]^3 \times \left(\dfrac{4}{5}\right)^3 \times \left(\dfrac{5}{4}\right)^{-3}}{\left(\dfrac{5}{4}\right)^{-3} \times \left(\dfrac{5}{4}\right)^{-5}}$

120 Simplify the following expressions into a single power with positive exponent:

a) $\left[\left(\dfrac{4}{3}\right)^{-2} \times \left(\dfrac{3}{4}\right)^{-4}\right]^{-3} \times \left(\dfrac{4}{3}\right)^3$

b) $\left[\left(\dfrac{4}{3}\right)^{-4}\right]^4 \times \left(\dfrac{3}{4}\right)^3 \times \left(\dfrac{3}{4}\right)^6 \times \left(\dfrac{3}{4}\right)^3$

c) $\left[\left(\dfrac{5}{4}\right)^{-5} \times \left(\dfrac{5}{4}\right)^{-3}\right]^6 \times \left(\dfrac{5}{4}\right)^{-4}$

d) $\dfrac{\left[\left(\dfrac{2}{3}\right)^{-3}\right]^2 \times \left(\dfrac{2}{3}\right)^{-2} \times \left(\dfrac{3}{2}\right)^8}{\left(\dfrac{2}{3}\right)^{-4} \times \left(\dfrac{2}{3}\right)^{-2}}$

e) $\left[\left(\dfrac{2}{3}\right)^{-2}\right]^4 \times \left(\dfrac{3}{2}\right)^3 \times \left(\dfrac{3}{2}\right)^3 \times \left(\dfrac{3}{2}\right)^4$

f) $\left[\left(\dfrac{5}{2}\right)^{-3} \times \left(\dfrac{2}{5}\right)^7\right]^9 \times \left(\dfrac{2}{5}\right)^{-2}$

121 Simplify each radical by rationalizing the denominator:

a) $\dfrac{30}{\sqrt{33}}$

b) $\dfrac{\sqrt{10}}{\sqrt{3}}$

c) $\dfrac{8}{\sqrt{7}}$

d) $\dfrac{18}{\sqrt{15}}$

e) $\dfrac{\sqrt{8}}{\sqrt{7}}$

f) $\dfrac{14}{\sqrt{11}}$

122 Simplify the following expressions into a single power with positive exponent:

a) $\dfrac{\left[\left(\frac{2}{3}\right)^4\right]^2 \times \left(\frac{3}{2}\right)^{-3} \times \left(\frac{3}{2}\right)^{-4}}{\left(\frac{3}{2}\right)^{-4} \times \left(\frac{3}{2}\right)^{-4}}$

b) $\left[\left(\frac{5}{3}\right)^3 \times \left(\frac{5}{3}\right)^3\right]^3 \times \left(\frac{3}{5}\right)^2$

c) $\left[\left(\frac{4}{13}\right)^{-5}\right]^3 \times \left(\frac{4}{13}\right)^{-3} \times \left(\frac{4}{13}\right)^{-7} \times \left(\frac{4}{13}\right)^{-3}$

d) $\left[\left(\frac{4}{3}\right)^9 \times \left(\frac{3}{4}\right)^{-3}\right]^3 \times \left(\frac{4}{3}\right)^4$

e) $\left[\left(\frac{5}{9}\right)^3 \times \left(\frac{9}{5}\right)^3\right]^3 \times \left(\frac{9}{5}\right)^6$

f) $\dfrac{\left[\left(\frac{11}{2}\right)^4\right]^3 \times \left(\frac{11}{2}\right)^2 \times \left(\frac{2}{11}\right)^2}{\left(\frac{11}{2}\right)^3 \times \left(\frac{2}{11}\right)^9}$

123 Simplify the following expressions:

a) $3^3 - 3^{-4}$ b) $6^{-2} + 6^{-3}$ c) $5^3 - 5^{-4}$ d) $5^2 - 5^{-3}$ e) $2^2 - 2^{-4}$

f) $2^{-2} + 2^3$

124 Simplify the following expressions into a single power:

a) $(3^2 \times 9^4)^2 \div 81^3$ b) $7^3 \times 343^2 \times 343^3$ c) $2^3 \times 4^3 \div 4^2$

d) $\dfrac{(3^3)^9 \div 27^3}{27^5}$ e) $(5^5 \times 25^8)^4 \div 125^2$ f) $5^3 \times 125^4 \times 25^3$

125 Simplify the following expressions into a single root:

a) $\sqrt[3]{5} \times \sqrt{3}$ b) $\sqrt[3]{7^2 \sqrt[6]{7^7}}$ c) $\sqrt[3]{5^4} \times \sqrt[9]{3^2}$ d) $\dfrac{\sqrt[7]{7^6}}{\sqrt[3]{3^2}}$

e) $\sqrt[4]{\sqrt[5]{7^8}}$ f) $\sqrt[8]{3^2 \sqrt[3]{3^8}}$

126 Simplify the following expressions:

a) $\left(2\sqrt{10} + \sqrt{2}\right)\left(2\sqrt{10} - \sqrt{2}\right)$ b) $\left(\sqrt{5} + \sqrt{2}\right)^2$

c) $\left(\sqrt{14} - 1\right)^2$ d) $\left(5\sqrt{2} + 4\sqrt{5}\right)\left(5\sqrt{2} - 4\sqrt{5}\right)$

e) $\left(2\sqrt{14} + \sqrt{2}\right)^2$ f) $\left(\sqrt{2} - \sqrt{13}\right)^2$

127 Simplify the following expressions into a single power:

   a) $\dfrac{(11^3)^4 \div 121^2}{121^2}$

   b) $(2^2 \times 8^3)^3 \div 128^4$

   c) $3^3 \times 9^9 \times 27^8$

   d) $2^6 \times 8^4 \div 4^3$

   e) $2^3 \times 16^3 \times 16^4$

   f) $2^7 \times 8^4 \div 16^2$

128 Calculate the following expressions:

   a) $8^2 + 3^3$
   b) $2^3 + 5^4$
   c) $(-6)^3 + 5^4$
   d) $-5^4 + 2^5$
   e) $(-2)^3 + 3^5$

   f) $(-4)^2 + 5^4$

129 Write each exponential expression in radical form:

   a) $13^{15/16}$
   b) $19^{8/11}$
   c) $3^{1/2}$
   d) $3^{8/9}$
   e) $13^{2/9}$
   f) $5^{2/15}$

130 Simplify the following expressions into a single root:

   a) $\sqrt{2\sqrt[3]{2}}$

   b) $\sqrt[3]{7^2 \sqrt[9]{7^3}}$

   c) $\sqrt{11} \times \sqrt[3]{5}$

   d) $\dfrac{\sqrt[7]{3^3}}{\sqrt[6]{2}}$

   e) $\sqrt[5]{5} \times \sqrt[3]{5^2}$

   f) $\dfrac{\sqrt[3]{2^8}}{\sqrt[4]{2^2}}$

131 Calculate these expressions:

   a) $2\sqrt{3} - \sqrt{12} - \sqrt{75}$

   b) $4\sqrt{128} - 6\sqrt{32} + 4\sqrt{2} + 3\sqrt{8}$

   c) $3\sqrt{80} - 5\sqrt{20}$

   d) $2\sqrt{3} - \sqrt{27} + \sqrt{48}$

   e) $2\sqrt{3} - 5\sqrt{12} - 2\sqrt{108} + 3\sqrt{75}$

   f) $\sqrt{5} + \sqrt{80}$

132 Remove factors from the radicand:

   a) $\sqrt[3]{2^2 \cdot 5^5}$

   b) $\sqrt{\dfrac{1}{3^3 \cdot 7^3}}$

   c) $\sqrt[3]{\dfrac{2^9}{3^2 \cdot 5^3 \cdot a}}$

   d) $\sqrt{\dfrac{2 \cdot 3^3 \cdot 5}{7^4}}$

   e) $\sqrt{\dfrac{7^2}{2}}$

   f) $\sqrt{\dfrac{5}{3^3 \cdot 7^3}}$

133 Simplify the following expressions into a single power with positive exponent:

a) $\dfrac{\left[\left(\dfrac{3}{4}\right)^{-3}\right]^8 \div \left(\dfrac{16}{9}\right)^8}{\left(\dfrac{16}{9}\right)^{-3}}$

b) $\left[\left(\dfrac{4}{3}\right)^{-3} \times \left(\dfrac{27}{64}\right)^3\right]^4 \div \left(\dfrac{27}{64}\right)^4$

c) $\left(\dfrac{5}{3}\right)^5 \times \left(\dfrac{25}{9}\right)^{-4} \times \left(\dfrac{125}{27}\right)^{-2}$

d) $\left(\dfrac{5}{2}\right)^{-2} \times \left(\dfrac{125}{8}\right)^{-3} \div \left(\dfrac{125}{8}\right)^{-3}$

e) $\dfrac{\left[\left(\dfrac{7}{4}\right)^{-3}\right]^4 \div \left(\dfrac{64}{343}\right)^4}{\left(\dfrac{16}{49}\right)^3}$

f) $\left[\left(\dfrac{3}{4}\right)^7 \times \left(\dfrac{27}{64}\right)^{-3}\right]^3 \div \left(\dfrac{256}{81}\right)^{-3}$

134 Calculate the following square roots in your head (do not use calculator):

a) $\sqrt{16}$ b) $\sqrt{144}$ c) $\sqrt{81}$

d) $\sqrt{9}$ e) $\sqrt{121}$ f) $\sqrt{36}$

135 Calculate the following expressions:

a) $6\sqrt[3]{3} + 5\sqrt[3]{375} - 3\sqrt[3]{81}$

b) $2\sqrt[3]{3} + \sqrt[3]{24}$

c) $3\sqrt[3]{2} - 6\sqrt[3]{250} - 5\sqrt[3]{54}$

d) $8\sqrt[3]{3} - 6\sqrt[3]{648} - 3\sqrt[3]{81}$

e) $7\sqrt[3]{2} + 5\sqrt[3]{16} + 8\sqrt[3]{432}$

f) $4\sqrt[3]{3} + 3\sqrt[3]{648} - 2\sqrt[3]{375} - 9\sqrt[3]{81}$

136 Rationalize the following expressions:

a) $\dfrac{\sqrt{5}}{\sqrt{3}}$ b) $\dfrac{17}{\sqrt{11}}$ c) $\dfrac{27}{\sqrt{21}}$ d) $\dfrac{\sqrt{7}}{\sqrt{5}}$

e) $\dfrac{9}{\sqrt{11}}$ f) $\dfrac{35}{\sqrt{65}}$

137 Find out the integer root and the remainder using the square root algorithm:

a) $\sqrt{781}$ b) $\sqrt{13}$ c) $\sqrt{90}$ d) $\sqrt{12}$

e) $\sqrt{361}$ f) $\sqrt{95}$

138 Simplify the following expressions:

a) $\left(\sqrt{6}+1\right)\left(\sqrt{6}-1\right)$

b) $\left(\sqrt{3}+2\sqrt{14}\right)^2$

c) $\left(2\sqrt{7}-1\right)^2$

d) $\left(1+\sqrt{3}\right)\left(1-\sqrt{3}\right)$

e) $\left(2+\sqrt{7}\right)^2$

f) $\left(3-2\sqrt{10}\right)^2$

139 Calculate these expressions:

a) $\sqrt[3]{3}+5\sqrt[3]{375}$

b) $2\sqrt[3]{3}-6\sqrt[3]{375}-3\sqrt[3]{24}$

c) $2\sqrt[3]{2}+7\sqrt[3]{128}-7\sqrt[3]{250}$

d) $3\sqrt[3]{3}+7\sqrt[3]{24}$

e) $\sqrt[3]{5}+2\sqrt[3]{625}+5\sqrt[3]{135}$

f) $9\sqrt[3]{5}+7\sqrt[3]{40}-5\sqrt[3]{320}$

140 Simplify the following expressions:

a) $\left(1+\sqrt{10}\right)\left(1-\sqrt{10}\right)$

b) $\left(1+\sqrt{10}\right)^2$

c) $\left(\sqrt{11}-3\right)^2$

d) $\left(\sqrt{11}-1\right)^2$

e) $\left(\sqrt{10}+\sqrt{11}\right)^2$

f) $\left(\sqrt{2}-3\sqrt{11}\right)^2$

141 Calculate the following square roots in your head (do not use calculator):

a) $\sqrt{49}$

b) $\sqrt{81}$

c) $\sqrt{36}$

d) $\sqrt{9}$

e) $\sqrt{144}$

f) $\sqrt{25}$

142 Simplify the following expressions into a single root:

a) $\sqrt{7^3\sqrt[3]{7^4}}$

b) $\sqrt[4]{5^3}\times\sqrt[3]{7^2}$

c) $\dfrac{\sqrt{7}}{\sqrt[3]{11^2}}$

d) $\sqrt{5^3}\times\sqrt[4]{5^5}$

e) $\dfrac{\sqrt[4]{3^3}}{\sqrt[9]{3^2}}$

f) $\dfrac{\sqrt[3]{7^2}}{\sqrt[6]{3^3}}$

143 Simplify the following expressions by rationalizing the denominator:

a) $\dfrac{8}{\sqrt[7]{31^3}}$

b) $\dfrac{27}{\sqrt[5]{19}}$

c) $\dfrac{78}{\sqrt[8]{21^5}}$

d) $\dfrac{18}{\sqrt[3]{13}}$

e) $\dfrac{39}{\sqrt[7]{37^6}}$

f) $\dfrac{3}{\sqrt[5]{13^2}}$

144 Simplify the following expressions into a single power with positive exponent:

a) $\dfrac{\left[\left(\dfrac{3}{2}\right)^{-4}\right]^{3} \div \left(\dfrac{4}{9}\right)^{4}}{\left(\dfrac{16}{81}\right)^{3}}$

b) $\left[\left(\dfrac{5}{3}\right)^{3} \times \left(\dfrac{125}{27}\right)^{-6}\right]^{3} \div \left(\dfrac{25}{9}\right)^{-4}$

c) $\left(\dfrac{5}{6}\right)^{-3} \times \left(\dfrac{125}{216}\right)^{2} \times \left(\dfrac{125}{216}\right)^{-3}$

d) $\left(\dfrac{2}{3}\right)^{2} \times \left(\dfrac{8}{27}\right)^{5} \div \left(\dfrac{8}{27}\right)^{3}$

e) $\dfrac{\left[\left(\dfrac{2}{3}\right)^{2}\right]^{3} \div \left(\dfrac{8}{27}\right)^{7}}{\left(\dfrac{27}{8}\right)^{3}}$

f) $\left[\left(\dfrac{2}{3}\right)^{4} \times \left(\dfrac{8}{27}\right)^{3}\right]^{3} \div \left(\dfrac{16}{81}\right)^{2}$

145 Rationalize the following expressions:

a) $\dfrac{19}{\sqrt{11}}$

b) $\dfrac{10}{\sqrt{14}}$

c) $\dfrac{\sqrt{7}}{\sqrt{3}}$

d) $\dfrac{6}{\sqrt{11}}$

e) $\dfrac{3}{\sqrt{21}}$

f) $\dfrac{\sqrt{8}}{\sqrt{13}}$

146 Rationalize the following expressions:

a) $\dfrac{\sqrt{18}}{\sqrt{18}-2}$

b) $\dfrac{7}{\sqrt{11}+7}$

c) $\dfrac{18}{\sqrt{21}-5}$

d) $\dfrac{\sqrt{33}}{\sqrt{33}-4}$

e) $\dfrac{4}{\sqrt{15}+4}$

f) $\dfrac{16}{\sqrt{35}-4}$

147 Simplify the following expressions into a single power with positive exponent:

a) $\dfrac{\left[\left(\frac{3}{4}\right)^3\right]^3 \times \left(\frac{3}{4}\right)^3 \times \left(\frac{4}{3}\right)^{-3}}{\left(\frac{4}{3}\right)^2 \times \left(\frac{3}{4}\right)^3}$

b) $\left[\left(\frac{3}{4}\right)^2\right]^3 \times \left(\frac{3}{4}\right)^{-2} \times \left(\frac{3}{4}\right)^4 \times \left(\frac{3}{4}\right)^2$

c) $\left[\left(\frac{3}{2}\right)^{-2} \times \left(\frac{3}{2}\right)^{-3}\right]^4 \times \left(\frac{2}{3}\right)^{-2}$

d) $\dfrac{\left[\left(\frac{9}{2}\right)^{-3}\right]^3 \times \left(\frac{2}{9}\right)^4 \times \left(\frac{2}{9}\right)^{-3}}{\left(\frac{2}{9}\right)^{-3} \times \left(\frac{9}{2}\right)^3}$

e) $\left[\left(\frac{4}{3}\right)^8\right]^4 \times \left(\frac{4}{3}\right)^4 \times \left(\frac{4}{3}\right)^{-3} \times \left(\frac{3}{4}\right)^2$

f) $\left[\left(\frac{4}{3}\right)^2 \times \left(\frac{3}{4}\right)^{-5}\right]^4 \times \left(\frac{3}{4}\right)^{-3}$

148 Calculate the integer root and the remainder using the square root algorithm:

a) $\sqrt{53347}$
b) $\sqrt{92809}$
c) $\sqrt{755736}$
d) $\sqrt{9599}$
e) $\sqrt{13770}$
f) $\sqrt{46536}$

149 Simplify the following expressions:

a) $5^3 - 5^{-4}$
b) $3^{-3} + 3^{-4}$
c) $2^{-2} + 2^3$
d) $5^{-2} + 5^{-4}$
e) $4^2 - 4^{-3}$
f) $2^2 - 2^{-3}$

150 Calculate these expressions:

a) $4\sqrt{5} - 6\sqrt{45} + \sqrt{80}$

b) $2\sqrt{7} + 5\sqrt{28}$

c) $\sqrt{2} + 5\sqrt{32} + 2\sqrt{8}$

d) $3\sqrt{5} + 4\sqrt{20} - \sqrt{45}$

e) $4\sqrt{5} - 5\sqrt{20} - 3\sqrt{180} - 6\sqrt{80}$

f) $5\sqrt{2} + \sqrt{8}$

151 Simplify the following expressions removing factors from the radicand:

a) $\sqrt{2^6 \cdot 3^3 \cdot 5 \cdot 7^3}$

b) $\sqrt{\dfrac{2^2}{7}}$

c) $\sqrt{2^3 \cdot 5 \cdot a^6}$

d) $\sqrt{2^3 \cdot 3^3 \cdot 7^5}$

e) $\sqrt{2 \cdot 3^7 \cdot 7^7}$

f) $\sqrt{2 \cdot 5 \cdot 7^2}$

152 Calculate the integer root and the remainder using the square root algorithm:

a) $\sqrt{906}$
b) $\sqrt{44}$
c) $\sqrt{945}$
d) $\sqrt{797}$
e) $\sqrt{534}$
f) $\sqrt{85}$

153 Simplify the following expressions into a single power with positive exponent:

a) $\dfrac{\left[\left(\frac{5}{4}\right)^6\right]^3 \div \left(\frac{125}{64}\right)^3}{\left(\frac{125}{64}\right)^3}$

b) $\left[\left(\frac{3}{2}\right)^2 \times \left(\frac{27}{8}\right)^{-2}\right]^2 \div \left(\frac{4}{9}\right)^{-3}$

c) $\left(\frac{3}{4}\right)^{-5} \times \left(\frac{64}{27}\right)^{-2} \times \left(\frac{16}{9}\right)^{-4}$

d) $\left(\frac{4}{3}\right)^{-4} \times \left(\frac{16}{9}\right)^{-3} \div \left(\frac{64}{27}\right)^{-2}$

e) $\dfrac{\left[\left(\frac{4}{5}\right)^2\right]^2 \div \left(\frac{16}{25}\right)^4}{\left(\frac{64}{125}\right)^{-2}}$

f) $\left[\left(\frac{5}{3}\right)^{-3} \times \left(\frac{25}{9}\right)^3\right]^4 \div \left(\frac{27}{125}\right)^{-3}$

154 Calculate these expressions:

a) $5^2 + 2^6$ b) $(-3)^3 + 4^4$ c) $(-3)^4 + 2^6$ d) $9^2 + 8^3$ e) $(-5)^3 + 2^4$

f) $-4^3 + 3^5$

155 Simplify the following expressions into a single power with positive exponent:

a) $\dfrac{\left[\left(\frac{3}{2}\right)^3\right]^3 \div \left(\frac{81}{16}\right)^3}{\left(\frac{81}{16}\right)^3}$

b) $\left[\left(\frac{3}{4}\right)^{-3} \times \left(\frac{27}{64}\right)^{-4}\right]^{-3} \div \left(\frac{64}{27}\right)^{-3}$

c) $\left(\frac{3}{2}\right)^{-3} \times \left(\frac{27}{8}\right)^3 \div \left(\frac{81}{16}\right)^3$

d) $\dfrac{\left[\left(\frac{4}{3}\right)^{-2}\right]^4 \div \left(\frac{9}{16}\right)^{-3}}{\left(\frac{81}{256}\right)^2}$

e) $\left[\left(\frac{3}{4}\right)^9 \times \left(\frac{256}{81}\right)^{-3}\right]^{-3} \div \left(\frac{64}{27}\right)^{-2}$

f) $\left(\frac{2}{3}\right)^3 \times \left(\frac{81}{16}\right)^{-2} \times \left(\frac{4}{9}\right)^3$

156 Calculate these expressions:

a) $9\sqrt[3]{5} - 5\sqrt[3]{625}$

b) $2\sqrt[3]{3} - \sqrt[3]{192} + 5\sqrt[3]{24}$

c) $8\sqrt[3]{2} - 7\sqrt[3]{16} + 5\sqrt[3]{128}$

d) $6\sqrt[3]{2} - \sqrt[3]{432}$

e) $2\sqrt[3]{3} + 5\sqrt[3]{81} + 3\sqrt[3]{24}$

f) $\sqrt[3]{3} + \sqrt[3]{375}$

157 Calculate the following square roots in your head (do not use calculator):

a) $\sqrt{144}$ b) $\sqrt{16}$ c) $\sqrt{4}$

d) $\sqrt{100}$ e) $\sqrt{49}$ f) $\sqrt{36}$

158 Simplify the following expressions into a single power with positive exponent:

a) $\left(\dfrac{3}{2}\right)^2 \times \left(\dfrac{16}{81}\right)^3 \times \left(\dfrac{16}{81}\right)^2$

b) $\left(\dfrac{4}{3}\right)^{-3} \times \left(\dfrac{81}{256}\right)^{-3} \div \left(\dfrac{64}{27}\right)^{-3}$

c) $\dfrac{\left[\left(\dfrac{5}{3}\right)^3\right]^3 \div \left(\dfrac{125}{27}\right)^{-2}}{\left(\dfrac{25}{9}\right)^4}$

d) $\left[\left(\dfrac{4}{3}\right)^{-2} \times \left(\dfrac{81}{256}\right)^{-4}\right]^3 \div \left(\dfrac{64}{27}\right)^3$

e) $\left(\dfrac{5}{3}\right)^5 \times \left(\dfrac{125}{27}\right)^4 \times \left(\dfrac{25}{9}\right)^{-3}$

f) $\left(\dfrac{5}{4}\right)^{-3} \times \left(\dfrac{16}{25}\right)^2 \div \left(\dfrac{16}{25}\right)^2$

159 Find out the following square roots in your head (do not use calculator):

a) $\sqrt{81}$ b) $\sqrt{64}$ c) $\sqrt{4}$

d) $\sqrt{16}$ e) $\sqrt{25}$ f) $\sqrt{100}$

160 Simplify each expression by rationalizing the denominator:

a) $\dfrac{8}{\sqrt{8} + 3}$

b) $\dfrac{18}{\sqrt{13} + 6}$

c) $\dfrac{\sqrt{23}}{\sqrt{23} - 6}$

d) $\dfrac{9}{\sqrt{14} + 3}$

e) $\dfrac{1}{\sqrt{27} - 3}$

f) $\dfrac{\sqrt{29}}{\sqrt{29} - 5}$

161 Calculate the following expressions:

a) $-3^3 + 2^5$ b) $4^2 + 5^4$ c) $-4^3 + 5^4$ d) $(-9)^2 + 5^4$ e) $-6^3 + 2^5$

f) $9^2 + 3^4$

162 Find out the following square roots in your head (do not use calculator):

a) $\sqrt{81}$ b) $\sqrt{64}$ c) $\sqrt{121}$

d) $\sqrt{36}$ e) $\sqrt{9}$ f) $\sqrt{25}$

163 Find out the following square roots in your head (do not use calculator):

a) $\sqrt{121}$ b) $\sqrt{36}$ c) $\sqrt{25}$

d) $\sqrt{100}$ e) $\sqrt{9}$ f) $\sqrt{49}$

164 Calculate the following square roots in your head (do not use calculator):

a) $\sqrt{9}$ b) $\sqrt{36}$ c) $\sqrt{100}$

d) $\sqrt{25}$ e) $\sqrt{64}$ f) $\sqrt{81}$

165 Calculate the following square roots in your head (do not use calculator):

a) $\sqrt{144}$ b) $\sqrt{49}$ c) $\sqrt{81}$

d) $\sqrt{4}$ e) $\sqrt{16}$ f) $\sqrt{121}$

166 Find out the following square roots in your head (do not use calculator):

a) $\sqrt{121}$ b) $\sqrt{9}$ c) $\sqrt{144}$

d) $\sqrt{36}$ e) $\sqrt{4}$ f) $\sqrt{100}$

167 Simplify the following expressions into a single power:

a) $\dfrac{(3^7)^5 \div 9^5}{27^4}$

b) $(3^2 \times 27^4)^3 \div 9^3$

c) $3^3 \times 81^4 \times 27^4$

d) $3^3 \times 243^4 \div 27^3$

e) $\dfrac{(2^4)^5 \div 4^4}{8^3}$

f) $(3^2 \times 81^7)^2 \div 27^3$

168 Simplify the following expressions into a single power with positive exponent:

a) $\dfrac{\left[\left(\frac{2}{3}\right)^2\right]^3 \div \left(\frac{27}{8}\right)^4}{\left(\frac{8}{27}\right)^2}$

b) $\left[\left(\frac{3}{4}\right)^{-3} \times \left(\frac{27}{64}\right)^2\right]^4 \div \left(\frac{27}{64}\right)^3$

c) $\left(\frac{5}{2}\right)^{-3} \times \left(\frac{8}{125}\right)^{-3} \div \left(\frac{125}{8}\right)^2$

d) $\dfrac{\left[\left(\frac{4}{7}\right)^3\right]^4 \div \left(\frac{64}{343}\right)^2}{\left(\frac{64}{343}\right)^3}$

e) $\left[\left(\frac{5}{3}\right)^2 \times \left(\frac{125}{27}\right)^4\right]^7 \div \left(\frac{9}{25}\right)^{-4}$

f) $\left(\frac{3}{4}\right)^{-4} \times \left(\frac{256}{81}\right)^2 \times \left(\frac{9}{16}\right)^{-5}$

169 Simplify the following expressions into a single power:

a) $(3^3 \times 3^3)^4 \times 3^2$

b) $\dfrac{(3^5)^7 \times 3^3 \times 3^2}{3^4 \times 3^4}$

c) $(2^5)^3 \times 2^3 \times 2^8 \times 2^2$

d) $(5^3 \times 5^3)^3 \times 5^8$

e) $\dfrac{(5^9)^2 \times 5^3 \times 5^2}{5^3 \times 5^4}$

f) $(3^3)^2 \times 3^2 \times 3^8 \times 3^4$

170 Find out the following square roots in your head (do not use calculator):

a) $\sqrt{9}$
b) $\sqrt{49}$
c) $\sqrt{100}$
d) $\sqrt{16}$
e) $\sqrt{64}$
f) $\sqrt{25}$

171 Convert the radicals to exponential expressions:

a) $\sqrt{5}$
b) $\sqrt[3]{11}$
c) $\sqrt[11]{3^4}$
d) $\sqrt[17]{13^7}$
e) $\sqrt[17]{11^{13}}$
f) $\sqrt[10]{17}$

172 Simplify the following expressions by rationalizing the denominator:

a) $\dfrac{34}{\sqrt{6}}$
b) $\dfrac{\sqrt{5}}{\sqrt{7}}$
c) $\dfrac{10}{\sqrt{3}}$
d) $\dfrac{51}{\sqrt{39}}$

e) $\dfrac{\sqrt{11}}{\sqrt{13}}$
f) $\dfrac{7}{\sqrt{3}}$

173 Simplify the following expressions into a single power with positive exponent:

a) $\left[\left(\dfrac{4}{3}\right)^3 \times \left(\dfrac{256}{81}\right)^{-4}\right]^{-2} \div \left(\dfrac{9}{16}\right)^{-3}$

b) $\dfrac{\left[\left(\dfrac{5}{3}\right)^3\right]^{-3} \div \left(\dfrac{25}{9}\right)^6}{\left(\dfrac{27}{125}\right)^2}$

c) $\left[\left(\dfrac{2}{3}\right)^3 \times \left(\dfrac{4}{9}\right)^{-2}\right]^8 \div \left(\dfrac{27}{8}\right)^{-4}$

d) $\left(\dfrac{3}{4}\right)^4 \times \left(\dfrac{27}{64}\right)^4 \times \left(\dfrac{9}{16}\right)^3$

e) $\left(\dfrac{3}{4}\right)^{-3} \times \left(\dfrac{16}{9}\right)^3 \div \left(\dfrac{27}{64}\right)^2$

f) $\left(\dfrac{3}{4}\right)^{-4} \times \left(\dfrac{64}{27}\right)^2 \div \left(\dfrac{81}{256}\right)^{-3}$

174 Calculate the following expressions:

a) $2\sqrt{7} + 2\sqrt{28} + 4\sqrt{112}$

b) $\sqrt{48} + 4\sqrt{147} - 3\sqrt{108}$

c) $3\sqrt{5} + 5\sqrt{20} + 2\sqrt{125}$

d) $5\sqrt{3} - 2\sqrt{75} - 5\sqrt{48} - \sqrt{12}$

e) $3\sqrt{7} + 5\sqrt{28}$

f) $5\sqrt{3} - \sqrt{48} - 3\sqrt{243}$

175 Calculate these expressions:

a) $(-6)^2 + 3^3$ b) $5^2 + 7^3$ c) $(-4)^4 + 3^5$ d) $10^2 + 3^3$ e) $8^3 + 2^5$
f) $(-2)^3 + 3^4$

176 Withdraw any factors you can from inside the radical:

a) $\sqrt[3]{\dfrac{5^4 \cdot 7^3}{2^2 \cdot 3^3}}$

b) $\sqrt[3]{\dfrac{2 \cdot 7^2}{3^6}}$

c) $\sqrt[3]{\dfrac{3^3 \cdot 7^3}{2^2 \cdot 5}}$

d) $\sqrt[3]{2^5 \cdot 3^5}$

e) $\sqrt[4]{\dfrac{2^2 \cdot 3^4}{b}}$

f) $\sqrt{\dfrac{5 \cdot 7}{3^2}}$

177 Simplify the following expressions into a single power:

a) $(3^7 \times 3^2)^3 \times 3^2$

b) $\dfrac{(11^3)^2 \times 11^3 \times 11^4}{11^2 \times 11^2}$

c) $(5^2)^3 \times 5^2 \times 5^4 \times 5^3$

d) $(5^3 \times 5^2)^4 \times 5^3$

e) $\dfrac{(2^4)^4 \times 2^4 \times 2^4}{2^3 \times 2^4}$

f) $(5^2 \times 5^4)^3 \times 5^3$

178 Calculate the following square roots in your head (do not use calculator):

    a) $\sqrt{49}$ **b)** $\sqrt{121}$ **c)** $\sqrt{64}$

    d) $\sqrt{36}$ **e)** $\sqrt{81}$ **f)** $\sqrt{9}$

179 Calculate the following square roots in your head (do not use calculator):

    a) $\sqrt{100}$ **b)** $\sqrt{25}$ **c)** $\sqrt{16}$

    d) $\sqrt{121}$ **e)** $\sqrt{64}$ **f)** $\sqrt{36}$

180 Calculate the following expressions:

    a) $(-2)^2 + 5^3$ **b)** $(-5)^2 + 3^4$ **c)** $5^3 + 3^4$ **d)** $-5^3 + 3^4$ **e)** $(-4)^2 + 6^3$

    f) $(-6)^3 + 2^5$

181 Withdraw any factors you can from inside the radical:

    a) $\sqrt{2^2 \cdot 5^6 \cdot 7}$ **b)** $\sqrt{2^2 \cdot 3 \cdot b^6}$ **c)** $\sqrt[3]{\dfrac{2^{10} \cdot 3^5 \cdot 5}{a}}$ **d)** $\sqrt{2^5 \cdot 3^3 \cdot 5}$

    e) $\sqrt[4]{2^{13} \cdot 3^2 \cdot a^{15}}$ **f)** $\sqrt[4]{2^8 \cdot 3^4 \cdot 5^4 \cdot 7}$

182 Find out the following square roots in your head (do not use calculator):

    a) $\sqrt{25}$ **b)** $\sqrt{36}$ **c)** $\sqrt{64}$

    d) $\sqrt{100}$ **e)** $\sqrt{4}$ **f)** $\sqrt{9}$

183 Simplify the following expressions into a single power:

    a) $(3^3 \times 27^4)^2 \div 27^4$ **b)** $2^5 \times 16^3 \times 8^3$ **c)** $3^3 \times 243^4 \times 9^7$

    d) $3^2 \times 81^4 \div 9^4$ **e)** $\dfrac{(2^7)^3 \div 4^3}{8^2}$ **f)** $(2^2 \times 8^2)^5 \div 16^3$

184 Calculate the following expressions:

    a) $\sqrt{5} - 6\sqrt{320} + \sqrt{80}$ **b)** $4\sqrt{5} + \sqrt{245}$

    c) $3\sqrt{2} + 3\sqrt{72} + 2\sqrt{8}$ **d)** $4\sqrt{7} - 4\sqrt{252} + \sqrt{112}$

    e) $3\sqrt{2} - 4\sqrt{32}$ **f)** $\sqrt{7} + 5\sqrt{175} - 2\sqrt{63}$

185 Simplify the following expressions into a single power with positive exponent:

a) $\dfrac{\left[\left(\dfrac{3}{2}\right)^3\right]^4 \div \left(\dfrac{27}{8}\right)^2}{\left(\dfrac{27}{8}\right)^2}$

b) $\left[\left(\dfrac{3}{4}\right)^3 \times \left(\dfrac{27}{64}\right)^6\right]^3 \div \left(\dfrac{81}{256}\right)^3$

c) $\left(\dfrac{2}{5}\right)^{-2} \times \left(\dfrac{8}{125}\right)^7 \times \left(\dfrac{25}{4}\right)^{-2}$

d) $\left(\dfrac{3}{4}\right)^{-3} \times \left(\dfrac{256}{81}\right)^3 \div \left(\dfrac{16}{9}\right)^3$

e) $\dfrac{\left[\left(\dfrac{2}{3}\right)^{-2}\right]^4 \div \left(\dfrac{32}{243}\right)^3}{\left(\dfrac{27}{8}\right)^4}$

f) $\left[\left(\dfrac{3}{4}\right)^4 \times \left(\dfrac{256}{81}\right)^4\right]^8 \div \left(\dfrac{64}{27}\right)^8$

186 Simplify the following expressions:

a) $\left(\sqrt{6} + 2\sqrt{5}\right)\left(\sqrt{6} - 2\sqrt{5}\right)$

b) $\left(\sqrt{10} + 2\sqrt{13}\right)^2$

c) $\left(2 - \sqrt{5}\right)^2$

d) $\left(1 + 5\sqrt{3}\right)\left(1 - 5\sqrt{3}\right)$

e) $\left(7 + 3\sqrt{11}\right)^2$

f) $\left(\sqrt{11} - 1\right)^2$

187 Calculate the integer root and the remainder using the square root algorithm:

a) $\sqrt{52}$ b) $\sqrt{74}$ c) $\sqrt{879}$ d) $\sqrt{98}$

e) $\sqrt{81}$ f) $\sqrt{72}$

188 Calculate the integer root and the remainder using the square root algorithm:

a) $\sqrt{60}$ b) $\sqrt{87}$ c) $\sqrt{36}$ d) $\sqrt{74}$

e) $\sqrt{81}$ f) $\sqrt{40}$

189 Calculate these expressions:

a) $4\sqrt[3]{5} - 7\sqrt[3]{625} + \sqrt[3]{135}$

b) $4\sqrt[3]{7} + 3\sqrt[3]{56} + 4\sqrt[3]{448}$

c) $8\sqrt[3]{5} - 9\sqrt[3]{625} - 3\sqrt[3]{40} - 7\sqrt[3]{135}$

d) $7\sqrt[3]{16} - 2\sqrt[3]{54}$

e) $4\sqrt[3]{375} - 5\sqrt[3]{648} - 3\sqrt[3]{81}$

f) $5\sqrt[3]{2} - 5\sqrt[3]{54} + 8\sqrt[3]{128} - 3\sqrt[3]{250}$

190 Simplify the following expressions into a single root:

a) $\sqrt[4]{2^6} \times \sqrt[3]{2^2}$

b) $\dfrac{\sqrt[3]{3^4}}{\sqrt[7]{3^6}}$

c) $\sqrt[4]{\sqrt[8]{5^3}}$

d) $\sqrt[7]{\sqrt[3]{3^2}}$

e) $\sqrt[6]{3^3} \times \sqrt[7]{3}$

f) $\dfrac{\sqrt{5^7}}{\sqrt[8]{5}}$

191 Convert the radicals to exponential expressions:

a) $\sqrt[3]{3}$

b) $\sqrt[11]{13^8}$

c) $\sqrt[15]{17^2}$

d) $\sqrt[3]{17}$

e) $\sqrt[3]{13}$

f) $\sqrt[17]{7^{15}}$

192 Find out the integer root and the remainder using the square root algorithm:

a) $\sqrt{39}$

b) $\sqrt{727}$

c) $\sqrt{920}$

d) $\sqrt{224}$

e) $\sqrt{71}$

f) $\sqrt{48}$

193 Simplify each radical by rationalizing the denominator:

a) $\dfrac{\sqrt{24}}{\sqrt{24} - 4}$

b) $\dfrac{7}{\sqrt{28} + 8}$

c) $\dfrac{8}{\sqrt{42} - 2}$

d) $\dfrac{\sqrt{34}}{\sqrt{34} - 3}$

e) $\dfrac{7}{\sqrt{6} + 8}$

f) $\dfrac{18}{\sqrt{42} - 6}$

194 Write each exponential expression in radical notation:

a) $17^{6/11}$

b) $2^{3/11}$

c) $11^{1/2}$

d) $7^{1/3}$

e) $11^{8/15}$

f) $19^{9/10}$

195 Simplify the following expressions:

a) $3^2 - 3^{-5}$

b) $3^{-2} + 3^{-3}$

c) $2^2 - 2^{-3}$

d) $2^{-4} + 2^5$

e) $5^2 - 5^{-3}$

f) $3^2 - 3^{-4}$

196 Convert the radicals to exponential expressions:

a) $\sqrt[17]{13^4}$

b) $\sqrt{13}$

c) $\sqrt[15]{13}$

d) $\sqrt[10]{17^3}$

e) $\sqrt[17]{3}$

f) $\sqrt[13]{11^3}$

197 Simplify the following expressions into a single power with positive exponent:

a) $\left[\left(\dfrac{5}{3}\right)^{-4} \times \left(\dfrac{27}{125}\right)^{-2}\right]^{-3} \div \left(\dfrac{125}{27}\right)^{-3}$

b) $\left(\dfrac{3}{2}\right)^{-7} \times \left(\dfrac{27}{8}\right)^{-2} \times \left(\dfrac{8}{27}\right)^{-3}$

c) $\left(\dfrac{2}{3}\right)^{-3} \times \left(\dfrac{4}{9}\right)^{-4} \div \left(\dfrac{8}{27}\right)^{-3}$

d) $\dfrac{\left[\left(\dfrac{3}{4}\right)^{3}\right]^{-4} \div \left(\dfrac{64}{27}\right)^{3}}{\left(\dfrac{64}{27}\right)^{5}}$

e) $\left[\left(\dfrac{3}{4}\right)^{-3} \times \left(\dfrac{64}{27}\right)^{6}\right]^{-3} \div \left(\dfrac{64}{27}\right)^{3}$

f) $\left(\dfrac{2}{3}\right)^{-3} \times \left(\dfrac{8}{27}\right)^{3} \times \left(\dfrac{27}{8}\right)^{4}$

198 Find out the following square roots in your head (do not use calculator):

a) $\sqrt{4}$ 　　　　b) $\sqrt{121}$ 　　　　c) $\sqrt{81}$

d) $\sqrt{36}$ 　　　　e) $\sqrt{49}$ 　　　　f) $\sqrt{9}$

199 Write each exponential expression in radical notation:

a) $7^{13/14}$ 　　b) $11^{6/17}$ 　　c) $17^{6/11}$ 　　d) $5^{4/11}$ 　　e) $13^{1/2}$ 　　f) $3^{10/11}$

200 Calculate the integer root and the remainder using the square root algorithm:

a) $\sqrt{18}$ 　　b) $\sqrt{441}$ 　　c) $\sqrt{80}$ 　　d) $\sqrt{765}$

e) $\sqrt{514}$ 　　f) $\sqrt{820}$

201 Find out the following square roots in your head (do not use calculator):

a) $\sqrt{36}$ 　　　　b) $\sqrt{25}$ 　　　　c) $\sqrt{100}$

d) $\sqrt{9}$ 　　　　e) $\sqrt{144}$ 　　　　f) $\sqrt{81}$

202 Find out the integer root and the remainder using the square root algorithm:

a) $\sqrt{91433}$ 　　b) $\sqrt{194331}$ 　　c) $\sqrt{9883}$ 　　d) $\sqrt{36932}$

e) $\sqrt{3666}$ 　　f) $\sqrt{4195}$

203 Calculate the following expressions:

a) $2\sqrt{252} - 4\sqrt{7}$

b) $2\sqrt{3} + 3\sqrt{75} + 3\sqrt{48}$

c) $2\sqrt{3} - 2\sqrt{27} - 4\sqrt{12}$

d) $5\sqrt{7} - 3\sqrt{112}$

e) $3\sqrt{5} - 6\sqrt{45} - \sqrt{80}$

f) $4\sqrt{27} + 2\sqrt{48} - \sqrt{3}$

204 Calculate the integer root and the remainder using the square root algorithm:

    a) $\sqrt{483}$ **b)** $\sqrt{790}$ **c)** $\sqrt{36}$ **d)** $\sqrt{40}$

    e) $\sqrt{81}$ **f)** $\sqrt{722}$

205 Convert the radicals to exponential expressions:

    a) $\sqrt[17]{17^5}$ **b)** $\sqrt[17]{3^{16}}$ **c)** $\sqrt[17]{3^{15}}$ **d)** $\sqrt[5]{13^2}$ **e)** $\sqrt[7]{17^6}$ **f)** $\sqrt[4]{11^3}$

206 Calculate these expressions:

    a) $8^3 + 5^4$ **b)** $5^2 + 7^3$ **c)** $-8^2 + 6^3$ **d)** $5^4 + 2^5$ **e)** $-7^3 + 2^5$

    f) $8^3 + 2^6$

207 Calculate the integer root and the remainder using the square root algorithm:

    a) $\sqrt{540}$ **b)** $\sqrt{79}$ **c)** $\sqrt{49}$ **d)** $\sqrt{35}$

    e) $\sqrt{841}$ **f)** $\sqrt{654}$

208 Calculate these expressions:

    a) $3\sqrt{3} - 5\sqrt{75} + 6\sqrt{12}$ **b)** $3\sqrt{5} + 3\sqrt{45}$

    c) $2\sqrt{5} + 4\sqrt{20} + \sqrt{125}$ **d)** $5\sqrt{2} + \sqrt{18} + 4\sqrt{50}$

    e) $6\sqrt{3} + 3\sqrt{48} - 3\sqrt{108}$ **f)** $5\sqrt{3} - 5\sqrt{27}$

209 Calculate the following expressions:

    a) $2\sqrt{2} + \sqrt{162}$ **b)** $5\sqrt{3} + 5\sqrt{12} - \sqrt{75}$

    c) $3\sqrt{2} - \sqrt{50} + 3\sqrt{18}$ **d)** $\sqrt{48} - 6\sqrt{12}$

    e) $4\sqrt{7} - \sqrt{112} + 2\sqrt{28}$ **f)** $3\sqrt{5} + 4\sqrt{20} + \sqrt{45} - 3\sqrt{80}$

210 Find out the integer root and the remainder using the square root algorithm:

    a) $\sqrt{626005}$ **b)** $\sqrt{741736}$ **c)** $\sqrt{9487}$ **d)** $\sqrt{7174}$

    e) $\sqrt{952153}$ **f)** $\sqrt{9404}$

211 Simplify the following expressions into a single power with positive exponent:

a) $\dfrac{\left[\left(\dfrac{4}{3}\right)^4\right]^3 \div \left(\dfrac{64}{27}\right)^4}{\left(\dfrac{64}{27}\right)^3}$

b) $\left[\left(\dfrac{4}{3}\right)^3 \times \left(\dfrac{81}{256}\right)^{-3}\right]^5 \div \left(\dfrac{64}{27}\right)^{-4}$

c) $\left(\dfrac{4}{3}\right)^{-3} \times \left(\dfrac{27}{64}\right)^2 \times \left(\dfrac{16}{9}\right)^{-3}$

d) $\left(\dfrac{5}{3}\right)^2 \times \left(\dfrac{27}{125}\right)^4 \div \left(\dfrac{125}{27}\right)^{-3}$

e) $\dfrac{\left[\left(\dfrac{3}{4}\right)^3\right]^5 \div \left(\dfrac{27}{64}\right)^3}{\left(\dfrac{64}{27}\right)^2}$

f) $\left[\left(\dfrac{3}{5}\right)^3 \times \left(\dfrac{27}{125}\right)^2\right]^4 \div \left(\dfrac{9}{25}\right)^7$

212 Find out the integer root and the remainder using the square root algorithm:

a) $\sqrt{75566}$　　　b) $\sqrt{500889}$　　　c) $\sqrt{77841}$　　　d) $\sqrt{7771}$

e) $\sqrt{198239}$　　　f) $\sqrt{5029}$

213 Simplify each radical by rationalizing the denominator:

a) $\dfrac{\sqrt{3}}{\sqrt{13}}$

b) $\dfrac{19}{\sqrt{13}}$

c) $\dfrac{6}{\sqrt{14}}$

d) $\dfrac{\sqrt{12}}{\sqrt{13}}$

e) $\dfrac{3}{\sqrt{7}}$

f) $\dfrac{24}{\sqrt{26}}$

214 Simplify the following expressions removing factors from the radicand:

a) $\sqrt[5]{\dfrac{3^2 \cdot 5^8 \cdot a^4}{2^9}}$

b) $\sqrt{\dfrac{5 \cdot 7}{3^2}}$

c) $\sqrt[5]{\dfrac{2^8 \cdot 5^3}{3^5}}$

d) $\sqrt[5]{\dfrac{5^6 \cdot a^7}{2^8}}$

e) $\sqrt{\dfrac{2^4 \cdot 3^3 \cdot 7^2}{5}}$

f) $\sqrt[3]{2 \cdot 5^5}$

215 Simplify the following expressions into a single root:

a) $\dfrac{\sqrt[3]{5^2}}{\sqrt[9]{5^2}}$

b) $\sqrt[7]{\sqrt[3]{3^2}}$

c) $\sqrt{3^3 \sqrt[6]{3^3}}$

d) $\sqrt[3]{5^8} \times \sqrt[7]{2^3}$

e) $\dfrac{\sqrt{3^3}}{\sqrt[4]{2^3}}$

f) $\sqrt[4]{17} \times \sqrt[8]{17^9}$

216 Calculate the integer root and the remainder using the square root algorithm:

a) $\sqrt{7296}$ b) $\sqrt{23704}$ c) $\sqrt{84358}$ d) $\sqrt{97356}$

e) $\sqrt{19881}$ f) $\sqrt{69327}$

217 Simplify the following expressions removing factors from the radicand:

a) $\sqrt[4]{2^4 \cdot 5^{13} \cdot 7^2}$ b) $\sqrt{\dfrac{b^3 \cdot a^2}{v^3}}$ c) $\sqrt{\dfrac{2^3 \cdot 7}{3^4}}$ d) $\sqrt[3]{2 \cdot 3 \cdot 5^2 \cdot 7^5}$

e) $\sqrt{2^3 \cdot a^4}$ f) $\sqrt{\dfrac{3}{2^3 \cdot 5^3 \cdot 7}}$

218 Simplify the following expressions into a single power:

a) $(3^4 \times 3^7)^4 \times 3^4$ b) $\dfrac{(2^3)^8 \times 2^7 \times 2^2}{2^4 \times 2^2}$ c) $(3^2)^2 \times 3^2 \times 3^3 \times 3^3$

d) $(3^3 \times 3^4)^2 \times 3^3$ e) $\dfrac{(2^2)^4 \times 2^2 \times 2^2}{2^3 \times 2^2}$ f) $(5^3)^9 \times 5^3 \times 5^3 \times 5^2$

219 Write each exponential expression in radical notation:

a) $11^{1/3}$ b) $13^{3/8}$ c) $11^{5/13}$ d) $5^{1/3}$ e) $2^{11/13}$ f) $3^{1/10}$

220 Simplify each radical by rationalizing the denominator:

a) $\dfrac{46}{\sqrt[5]{14^3}}$ b) $\dfrac{25}{\sqrt[6]{37^5}}$ c) $\dfrac{60}{\sqrt[4]{69}}$ d) $\dfrac{16}{\sqrt[9]{29^7}}$

e) $\dfrac{6}{\sqrt[3]{22}}$ f) $\dfrac{14}{\sqrt[5]{23^2}}$

221 Simplify the following expressions:

a) $\left(1 - \sqrt{14}\right)^2$ b) $\left(\sqrt{3} + 2\right)\left(\sqrt{3} - 2\right)$

c) $\left(3 + 4\sqrt{3}\right)^2$ d) $\left(\sqrt{10} - \sqrt{11}\right)^2$

e) $\left(1 + 3\sqrt{2}\right)\left(1 - 3\sqrt{2}\right)$ f) $\left(1 + \sqrt{3}\right)^2$

222 Simplify the following expressions into a single root:

a) $\sqrt[3]{2} \times \sqrt{2^3}$

b) $\dfrac{\sqrt[4]{3^3}}{\sqrt[3]{3^2}}$

c) $\sqrt{3^3 \sqrt[3]{3^4}}$

d) $\sqrt[4]{2^2 \sqrt[9]{2^6}}$

e) $\sqrt[5]{\sqrt[3]{5^5}}$

f) $\sqrt{5^3 \sqrt[9]{5^4}}$

223 Simplify the following expressions into a single power with positive exponent:

a) $\left[\left(\dfrac{5}{3}\right)^2 \times \left(\dfrac{27}{125}\right)^{-6} \right]^{-2} \div \left(\dfrac{125}{27}\right)^{-6}$

b) $\left(\dfrac{7}{3}\right)^{-3} \times \left(\dfrac{27}{343}\right)^{8} \times \left(\dfrac{27}{343}\right)^{3}$

c) $\left(\dfrac{7}{4}\right)^{2} \times \left(\dfrac{49}{16}\right)^{-3} \div \left(\dfrac{64}{343}\right)^{-3}$

d) $\dfrac{\left[\left(\dfrac{2}{3}\right)^{-4}\right]^{4} \div \left(\dfrac{27}{8}\right)^{-2}}{\left(\dfrac{16}{81}\right)^{3}}$

e) $\dfrac{\left[\left(\dfrac{5}{2}\right)^{-2}\right]^{4} \div \left(\dfrac{25}{4}\right)^{3}}{\left(\dfrac{8}{125}\right)^{-8}}$

f) $\left[\left(\dfrac{3}{4}\right)^{-2} \times \left(\dfrac{81}{256}\right)^{-2}\right]^{2} \div \left(\dfrac{9}{16}\right)^{-3}$

224 Simplify the following expressions into a single power:

a) $\dfrac{(3^9)^5 \times 3^7 \times 3^3}{3^4 \times 3^4}$

b) $(3^6)^3 \times 3^3 \times 3^4 \times 3^8$

c) $(3^4 \times 3^2)^3 \times 3^3$

d) $\dfrac{(3^4)^3 \times 3^3 \times 3^2}{3^3 \times 3^2}$

e) $(3^4)^2 \times 3^3 \times 3^3 \times 3^2$

f) $(3^4 \times 3^3)^5 \times 3^3$

225 Simplify the following expressions:

a) $\left(1 - 2\sqrt{10}\right)^2$

b) $\left(\sqrt{7} + 1\right)\left(\sqrt{7} - 1\right)$

c) $\left(\sqrt{13} + 7\right)^2$

d) $\left(\sqrt{2} - \sqrt{14}\right)^2$

e) $\left(\sqrt{14} + \sqrt{5}\right)\left(\sqrt{14} - \sqrt{5}\right)$

f) $\left(\sqrt{15} + 1\right)^2$

226 Calculate the following expressions:

a) $(-7)^2 + 2^4$

b) $2^2 + 3^5$

c) $-7^2 + 4^4$

d) $5^3 + 4^4$

e) $-6^3 + 3^5$

f) $-4^3 + 2^5$

227 Calculate the integer root and the remainder using the square root algorithm:

a) $\sqrt{443}$ b) $\sqrt{52}$ c) $\sqrt{90}$ d) $\sqrt{49}$

e) $\sqrt{811}$ f) $\sqrt{30}$

228 Calculate the integer root and the remainder using the square root algorithm:

a) $\sqrt{22515}$ b) $\sqrt{322525}$ c) $\sqrt{21781}$ d) $\sqrt{72238}$

e) $\sqrt{587631}$ f) $\sqrt{225625}$

229 Simplify the following expressions:

a) $\left(4 + \sqrt{6}\right)^2$ b) $\left(1 - 2\sqrt{13}\right)^2$

c) $\left(\sqrt{13} + 1\right)\left(\sqrt{13} - 1\right)$ d) $\left(\sqrt{10} + 1\right)^2$

e) $\left(\sqrt{14} - 6\right)^2$ f) $\left(2\sqrt{14} + \sqrt{3}\right)\left(2\sqrt{14} - \sqrt{3}\right)$

230 Calculate the following square roots in your head (do not use calculator):

a) $\sqrt{100}$ b) $\sqrt{121}$ c) $\sqrt{9}$

d) $\sqrt{4}$ e) $\sqrt{36}$ f) $\sqrt{16}$

231 Calculate the integer root and the remainder using the square root algorithm:

a) $\sqrt{169381}$ b) $\sqrt{19321}$ c) $\sqrt{44456}$ d) $\sqrt{94899}$

e) $\sqrt{5279}$ f) $\sqrt{554122}$

232 Find out the integer root and the remainder using the square root algorithm:

a) $\sqrt{79402}$ b) $\sqrt{17424}$ c) $\sqrt{60806}$ d) $\sqrt{4624}$

e) $\sqrt{2711}$ f) $\sqrt{34467}$

233 Simplify the following expressions:

a) $\left(3\sqrt{10} + \sqrt{3}\right)\left(3\sqrt{10} - \sqrt{3}\right)$ b) $\left(1 + \sqrt{10}\right)^2$

c) $\left(\sqrt{14} - \sqrt{11}\right)^2$ d) $\left(\sqrt{14} + 1\right)\left(\sqrt{14} - 1\right)$

e) $\left(3 + \sqrt{2}\right)^2$ f) $\left(\sqrt{3} - 1\right)^2$

234 Calculate these expressions:

a) $\sqrt{7} + 2\sqrt{63} - \sqrt{112}$ b) $2\sqrt{7} + 6\sqrt{28}$

c) $4\sqrt{7} - \sqrt{175} - 6\sqrt{28}$ d) $2\sqrt{7} + 3\sqrt{28} - 2\sqrt{63}$

e) $4\sqrt{3} - 2\sqrt{75} - 5\sqrt{27}$ f) $2\sqrt{2} - 5\sqrt{18} + 4\sqrt{98} + 6\sqrt{50}$

235 Simplify the following expressions into a single power:

    a) $(2^3 \times 4^4)^6 \div 16^3$ **b)** $5^2 \times 125^8 \times 125^3$ **c)** $3^3 \times 27^3 \div 27^4$

    d) $\dfrac{(3^3)^4 \div 9^2}{9^3}$ **e)** $(2^2 \times 8^5)^4 \div 16^2$ **f)** $2^3 \times 8^2 \times 8^3$

236 Write each radical in exponential expression:

    a) $\sqrt[14]{17^5}$ **b)** $\sqrt[11]{11^9}$ **c)** $\sqrt[7]{13^6}$ **d)** $\sqrt{7}$ **e)** $\sqrt{17}$ **f)** $\sqrt[16]{19^{11}}$

237 Calculate the following expressions:

    a) $-6^2 + 8^3$ **b)** $(-6)^3 + 5^4$ **c)** $(-3)^3 + 5^4$ **d)** $-4^3 + 5^4$ **e)** $(-6)^3 + 2^6$
    f) $(-8)^3 + 5^4$

238 Find out the integer root and the remainder using the square root algorithm:

    a) $\sqrt{11516}$ **b)** $\sqrt{756277}$ **c)** $\sqrt{43313}$ **d)** $\sqrt{90983}$
    e) $\sqrt{47330}$ **f)** $\sqrt{6500}$

239 Simplify the following expressions into a single root:

    a) $\dfrac{\sqrt[5]{3^7}}{\sqrt[4]{3^3}}$ **b)** $\sqrt[4]{3\sqrt[3]{3}}$ **c)** $\sqrt[4]{5^3} \times \sqrt[3]{3}$ **d)** $\dfrac{\sqrt[3]{7}}{\sqrt[5]{3^3}}$

    e) $\sqrt[4]{7} \times \sqrt{7^3}$ **f)** $\dfrac{\sqrt[3]{3^5}}{\sqrt[8]{3^5}}$

240 Simplify the following expressions:

    a) $\left(2\sqrt{13} - \sqrt{14}\right)^2$ **b)** $\left(6 + \sqrt{10}\right)\left(6 - \sqrt{10}\right)$
    c) $\left(2\sqrt{15} + \sqrt{13}\right)^2$ **d)** $\left(\sqrt{2} - 3\right)^2$
    e) $\left(\sqrt{13} + \sqrt{5}\right)\left(\sqrt{13} - \sqrt{5}\right)$ **f)** $\left(5\sqrt{3} + 8\right)^2$

241 Simplify the following expressions:

    a) $\left(3\sqrt{2} + 2\right)^2$ **b)** $\left(6 - \sqrt{11}\right)^2$
    c) $\left(6 + \sqrt{2}\right)\left(6 - \sqrt{2}\right)$ **d)** $\left(\sqrt{15} + 3\right)^2$
    e) $\left(3 - \sqrt{7}\right)^2$ **f)** $\left(\sqrt{5} + \sqrt{6}\right)\left(\sqrt{5} - \sqrt{6}\right)$

242 Calculate these expressions:

    a) $-3^3 + 2^6$ **b)** $8^3 + 4^4$ **c)** $(-6)^3 + 4^4$ **d)** $3^3 + 2^5$ **e)** $-6^3 + 2^5$
    f) $7^2 + 5^4$

243 Rationalize the following expressions:

a) $\dfrac{\sqrt{10}}{\sqrt{3}}$ 　　　**b)** $\dfrac{7}{\sqrt{3}}$ 　　　**c)** $\dfrac{42}{\sqrt{33}}$ 　　　**d)** $\dfrac{\sqrt{8}}{\sqrt{13}}$

e) $\dfrac{20}{\sqrt{3}}$ 　　　**f)** $\dfrac{15}{\sqrt{33}}$

244 Write each radical in exponential expression:

a) $\sqrt[11]{2^7}$ 　　**b)** $\sqrt[7]{7^3}$ 　　**c)** $\sqrt[9]{19}$ 　　**d)** $\sqrt[14]{11^9}$ 　　**e)** $\sqrt[9]{17^2}$ 　　**f)** $\sqrt[11]{2^4}$

245 Remove factors from the radicand:

a) $\sqrt[4]{\dfrac{7^2}{2^5 \cdot 3^4}}$ 　　**b)** $\sqrt[5]{\dfrac{3^3 \cdot 5^2 \cdot 7^{12}}{2^5}}$ 　　**c)** $\sqrt{\dfrac{c \cdot b^5}{2^3 \cdot a}}$ 　　**d)** $\sqrt{\dfrac{2^5}{7^2}}$

e) $\sqrt[4]{2^4 \cdot 3^3 \cdot 5^{12} \cdot 7^{12}}$ 　　**f)** $\sqrt[5]{\dfrac{5^{17}}{2^5}}$

246 Convert the radicals to exponential expressions:

a) $\sqrt[5]{19^3}$ 　　**b)** $\sqrt[5]{7^4}$ 　　**c)** $\sqrt{5}$ 　　**d)** $\sqrt[13]{13^8}$ 　　**e)** $\sqrt[8]{11}$ 　　**f)** $\sqrt[3]{3}$

247 Write each radical in exponential expression:

a) $\sqrt[3]{17}$ 　　**b)** $\sqrt[17]{5^{11}}$ 　　**c)** $\sqrt[11]{17^9}$ 　　**d)** $\sqrt{7}$ 　　**e)** $\sqrt[3]{13}$ 　　**f)** $\sqrt[16]{5^{11}}$

248 Convert the radicals to exponential expressions:

a) $\sqrt{5}$ 　　**b)** $\sqrt[13]{11^6}$ 　　**c)** $\sqrt[16]{3}$ 　　**d)** $\sqrt[14]{5^{11}}$ 　　**e)** $\sqrt[3]{5}$ 　　**f)** $\sqrt[8]{5^3}$

249 Write each exponential expression in radical notation:

a) $2^{4/17}$ 　　**b)** $11^{9/17}$ 　　**c)** $7^{11/17}$ 　　**d)** $3^{6/7}$ 　　**e)** $7^{10/11}$ 　　**f)** $2^{1/18}$

250 Write each exponential expression in radical notation:

a) $7^{3/4}$ 　　**b)** $5^{13/15}$ 　　**c)** $13^{7/15}$ 　　**d)** $11^{8/9}$ 　　**e)** $3^{1/2}$ 　　**f)** $3^{2/5}$

251 Simplify the following expressions into a single power:

a) $2^2 \times 4^7 \times 8^3$

b) $2^3 \times 8^7 \div 8^3$

c) $\dfrac{(3^5)^4 \div 9^3}{9^4}$

d) $(2^4 \times 8^3)^4 \div 4^3$

e) $2^3 \times 4^6 \times 16^3$

f) $\dfrac{(3^8)^4 \div 27^3}{81^2}$

252 Remove factors from the radicand:

a) $\sqrt[3]{2^8 \cdot 5^3 \cdot 7^5}$

b) $\sqrt{2^3 \cdot c \cdot b^2 \cdot a^2}$

c) $\sqrt[4]{2^6 \cdot 3^7 \cdot a^4}$

d) $\sqrt{\dfrac{2^3 \cdot 3^3}{5}}$

e) $\sqrt{2 \cdot b^2 \cdot a^2}$

f) $\sqrt{\dfrac{7^6}{2 \cdot 5^2}}$

253 Simplify the following expressions into a single power with positive exponent:

a) $\left[\left(\dfrac{5}{3}\right)^{-3} \times \left(\dfrac{3}{5}\right)^{5}\right]^{4} \times \left(\dfrac{3}{5}\right)^{-4}$

b) $\dfrac{\left[\left(\dfrac{4}{3}\right)^{5}\right]^{3} \times \left(\dfrac{4}{3}\right)^{-3} \times \left(\dfrac{3}{4}\right)^{-4}}{\left(\dfrac{4}{3}\right)^{2} \times \left(\dfrac{3}{4}\right)^{-4}}$

c) $\left[\left(\dfrac{5}{3}\right)^{-3}\right]^{3} \times \left(\dfrac{5}{3}\right)^{-5} \times \left(\dfrac{5}{3}\right)^{-7} \times \left(\dfrac{3}{5}\right)^{6}$

d) $\left[\left(\dfrac{4}{3}\right)^{-4} \times \left(\dfrac{4}{3}\right)^{6}\right]^{-4} \times \left(\dfrac{3}{4}\right)^{-3}$

e) $\dfrac{\left[\left(\dfrac{2}{5}\right)^{4}\right]^{3} \times \left(\dfrac{2}{5}\right)^{2} \times \left(\dfrac{5}{2}\right)^{-2}}{\left(\dfrac{5}{2}\right)^{-8} \times \left(\dfrac{5}{2}\right)^{-3}}$

f) $\left[\left(\dfrac{5}{4}\right)^{2}\right]^{4} \times \left(\dfrac{5}{4}\right)^{8} \times \left(\dfrac{4}{5}\right)^{-2} \times \left(\dfrac{4}{5}\right)^{4}$

254 Calculate the integer root and the remainder using the square root algorithm:

a) $\sqrt{97}$

b) $\sqrt{183}$

c) $\sqrt{79}$

d) $\sqrt{13}$

e) $\sqrt{441}$

f) $\sqrt{19}$

255 Simplify each expression by rationalizing the denominator:

a) $\dfrac{18}{\sqrt[7]{46}}$

b) $\dfrac{34}{\sqrt[8]{74^7}}$

c) $\dfrac{20}{\sqrt[8]{37^3}}$

d) $\dfrac{52}{\sqrt[8]{68^7}}$

e) $\dfrac{87}{\sqrt[4]{51}}$

f) $\dfrac{22}{\sqrt[5]{19^3}}$

256 Simplify the following expressions:

a) $5^{-3} + 5^4$ b) $3^3 - 3^{-4}$ c) $3^{-2} + 3^3$ d) $8^2 - 8^{-3}$ e) $6^2 - 6^{-3}$

f) $4^{-3} + 4^{-4}$

257 Calculate these expressions:

a) $6\sqrt{7} + 3\sqrt{28} - 3\sqrt{112} + 2\sqrt{700}$ b) $3\sqrt{3} - 2\sqrt{75}$

c) $4\sqrt{5} + 5\sqrt{320} - 5\sqrt{20}$ d) $3\sqrt{5} - 3\sqrt{20}$

e) $4\sqrt{3} + 2\sqrt{192} + \sqrt{12}$ f) $3\sqrt{5} + 4\sqrt{20} + 2\sqrt{180}$

258 Simplify the following expressions into a single root:

a) $\dfrac{\sqrt[3]{3^4}}{\sqrt[8]{3^2}}$ b) $\sqrt[4]{\sqrt[3]{3^2}}$ c) $\sqrt{3^3 \sqrt[3]{3^2}}$ d) $\sqrt[3]{5^4} \times \sqrt[5]{17}$

e) $\dfrac{\sqrt[4]{7^2}}{\sqrt[3]{5^2}}$ f) $\sqrt{7^3} \times \sqrt[3]{7^2}$

259 Write each radical in exponential expression:

a) $\sqrt[3]{7}$ b) $\sqrt[5]{2^3}$ c) $\sqrt[13]{11^9}$ d) $\sqrt[11]{11^3}$ e) $\sqrt[3]{3}$ f) $\sqrt[17]{11^{14}}$

260 Calculate these expressions:

a) $8\sqrt[3]{3} + 5\sqrt[3]{192} - 3\sqrt[3]{648}$ b) $5\sqrt[3]{3} - 7\sqrt[3]{24}$

c) $7\sqrt[3]{3} - 2\sqrt[3]{24} - 7\sqrt[3]{192}$ d) $3\sqrt[3]{3} - 6\sqrt[3]{81} - 9\sqrt[3]{24}$

e) $2\sqrt[3]{7} - 4\sqrt[3]{189}$ f) $7\sqrt[3]{3} - 8\sqrt[3]{375} + 4\sqrt[3]{24}$

261 Simplify the following expressions by rationalizing the denominator:

a) $\dfrac{\sqrt{13}}{\sqrt{7}}$ b) $\dfrac{2}{\sqrt{11}}$ c) $\dfrac{27}{\sqrt{33}}$ d) $\dfrac{\sqrt{5}}{\sqrt{3}}$

e) $\dfrac{7}{\sqrt{3}}$ f) $\dfrac{45}{\sqrt{21}}$

262 Convert the exponential expressions to radicals:

a) $13^{1/2}$ **b)** $3^{7/9}$ **c)** $7^{2/11}$ **d)** $5^{1/2}$ **e)** $19^{5/6}$ **f)** $11^{1/2}$

263 Simplify the following expressions by rationalizing the denominator:

a) $\dfrac{10}{\sqrt{29}-7}$ **b)** $\dfrac{\sqrt{3}}{\sqrt{3}-5}$ **c)** $\dfrac{2}{\sqrt{30}-2}$ **d)** $\dfrac{5}{\sqrt{17}-3}$

e) $\dfrac{\sqrt{27}}{\sqrt{27}-3}$ **f)** $\dfrac{7}{\sqrt{40}+6}$

264 Write each exponential expression in radical form:

a) $13^{1/6}$ **b)** $11^{5/17}$ **c)** $7^{1/3}$ **d)** $39^{9/14}$ **e)** $13^{10/17}$ **f)** $5^{4/9}$

265 Rationalize the following expressions:

a) $\dfrac{6}{\sqrt{11}}$ **b)** $\dfrac{30}{\sqrt{21}}$ **c)** $\dfrac{\sqrt{11}}{\sqrt{3}}$ **d)** $\dfrac{18}{\sqrt{13}}$

e) $\dfrac{42}{\sqrt{33}}$ **f)** $\dfrac{\sqrt{19}}{\sqrt{7}}$

266 Simplify the following expressions removing factors from the radicand:

a) $\sqrt[4]{\dfrac{3^6 \cdot 7^5}{5^3}}$ **b)** $\sqrt{2 \cdot 3 \cdot 7^3}$ **c)** $\sqrt{\dfrac{7}{3^4 \cdot 5^2}}$ **d)** $\sqrt{\dfrac{5^3}{3^2 \cdot a^2}}$

e) $\sqrt[4]{2^7 \cdot 3^{12} \cdot 5^4 \cdot a^2}$ **f)** $\sqrt{\dfrac{3^2}{5}}$

267 Calculate the integer root and the remainder using the square root algorithm:

a) $\sqrt{895}$ **b)** $\sqrt{141}$ **c)** $\sqrt{441}$ **d)** $\sqrt{61}$

e) $\sqrt{65}$ **f)** $\sqrt{73}$

268 Simplify the following expressions into a single power:

a) $\dfrac{(3^3)^2 \times 3^4 \times 3^2}{3^2 \times 3^2}$ **b)** $(5^2)^3 \times 5^4 \times 5^8 \times 5^3$ **c)** $(3^3 \times 3^3)^2 \times 3^2$

d) $\dfrac{(11^3)^2 \times 11^7 \times 11^4}{11^3 \times 11^3}$ **e)** $(3^2 \times 3^4)^2 \times 3^4$ **f)** $\dfrac{(5^4)^4 \times 5^8 \times 5^2}{5^6 \times 5^4}$

269 Simplify the following expressions:

a) $7^2 - 7^{-3}$ b) $2^{-2} + 2^{-3}$ c) $6^{-2} + 6^3$ d) $4^3 - 4^{-4}$ e) $5^3 - 5^{-4}$

f) $2^{-3} + 2^4$

270 Calculate the following expressions:

a) $(-3)^2 + 5^3$ b) $2^2 + 3^3$ c) $-4^2 + 2^4$ d) $-2^3 + 3^4$ e) $(-5)^2 + 2^4$

f) $3^4 - (-2)^5$

271 Write each radical in exponential expression:

a) $\sqrt[18]{5}$ b) $\sqrt[17]{5^{15}}$ c) $\sqrt[13]{19^9}$ d) $\sqrt[14]{19}$ e) $\sqrt[17]{19^2}$ f) $\sqrt[3]{7}$

272 Simplify the following expressions:

a) $3^2 - 3^{-3}$ b) $5^{-3} + 5^4$ c) $2^3 - 2^{-4}$ d) $4^3 - 4^{-4}$ e) $5^{-2} + 5^4$

f) $6^2 - 6^{-3}$

273 Simplify the following expressions into a single power:

a) $\dfrac{(3^3)^5 \div 27^3}{9^3}$ b) $(2^4 \times 4^3)^5 \div 16^4$ c) $3^2 \times 27^3 \times 27^3$

d) $3^3 \times 9^3 \div 27^3$ e) $\dfrac{(5^3)^6 \div 125^4}{125^2}$ f) $(3^3 \times 81^3)^8 \div 81^2$

274 Write each radical in exponential expression:

a) $\sqrt{5}$ b) $\sqrt[10]{7}$ c) $\sqrt[11]{17^{10}}$ d) $\sqrt[8]{2}$ e) $\sqrt[7]{13^2}$ f) $\sqrt[17]{13^4}$

275 Convert the exponential expressions to radicals:

a) $11^{1/2}$ b) $5^{3/5}$ c) $7^{5/9}$ d) $13^{2/3}$ e) $17^{5/6}$ f) $17^{7/16}$

276 Simplify the following expressions:

a) $3^2 - 3^{-3}$ b) $5^2 - 5^{-3}$ c) $4^2 - 4^{-3}$ d) $4^3 - 4^{-4}$ e) $3^2 - 3^{-5}$

f) $6^2 - 6^{-3}$

277 Write each exponential expression in radical form:

a) $7^{2/3}$ b) $2^{13/14}$ c) $13^{1/3}$ d) $7^{1/6}$ e) $19^{9/10}$ f) $11^{2/7}$

278 Convert the exponential expressions to radicals:

a) $13^{11/12}$ b) $11^{5/18}$ c) $5^{1/2}$ d) $11^{7/17}$ e) $7^{1/3}$ f) $13^{7/9}$

279 Write each exponential expression in radical form:

a) $7^{3/17}$ b) $3^{5/8}$ c) $2^{11/12}$ d) $17^{3/14}$ e) $17^{1/3}$ f) $5^{7/11}$

280 Simplify the following expressions into a single power:

a) $(2^4 \times 2^4)^3 \times 2^3$

b) $\dfrac{(3^8)^3 \times 3^3 \times 3^3}{3^2 \times 3^3}$

c) $(3^3)^4 \times 3^2 \times 3^2 \times 3^3$

d) $(2^4 \times 2^4)^4 \times 2^3$

e) $\dfrac{(13^9)^4 \times 13^3 \times 13^3}{13^3 \times 13^3}$

f) $(3^3 \times 3^3)^3 \times 3^2$

281 Simplify the following expressions:

a) $6^{-2} + 6^{-3}$ b) $4^2 - 4^{-3}$ c) $5^2 - 5^{-3}$ d) $3^{-3} + 3^{-4}$ e) $8^{-2} + 8^3$

f) $4^{-2} + 4^{-3}$

282 Simplify the following expressions into a single power with positive exponent:

a) $\left[\left(\dfrac{4}{3}\right)^{-3} \times \left(\dfrac{3}{4}\right)^{-9}\right]^{-3} \times \left(\dfrac{4}{3}\right)^3$

b) $\dfrac{\left[\left(\dfrac{4}{5}\right)^3\right]^4 \times \left(\dfrac{4}{5}\right)^4 \times \left(\dfrac{5}{4}\right)^{-4}}{\left(\dfrac{5}{4}\right)^{-4} \times \left(\dfrac{4}{5}\right)^8}$

c) $\left[\left(\dfrac{6}{5}\right)^4\right]^7 \times \left(\dfrac{6}{5}\right)^{-4} \times \left(\dfrac{6}{5}\right)^2 \times \left(\dfrac{5}{6}\right)^{-2}$

d) $\left[\left(\dfrac{5}{4}\right)^3 \times \left(\dfrac{4}{5}\right)^2\right]^3 \times \left(\dfrac{4}{5}\right)^{-4}$

e) $\dfrac{\left[\left(\dfrac{8}{3}\right)^3\right]^4 \times \left(\dfrac{3}{8}\right)^{-3} \times \left(\dfrac{3}{8}\right)^{-4}}{\left(\dfrac{3}{8}\right)^{-4} \times \left(\dfrac{3}{8}\right)^{-3}}$

f) $\left[\left(\dfrac{8}{3}\right)^{-2}\right]^3 \times \left(\dfrac{3}{8}\right)^2 \times \left(\dfrac{8}{3}\right)^{-2} \times \left(\dfrac{8}{3}\right)^{-3}$

283 Convert the radicals to exponential expressions:

a) $\sqrt[13]{13^{11}}$ b) $\sqrt[15]{3^4}$ c) $\sqrt[17]{2^{13}}$ d) $\sqrt[7]{3^2}$ e) $\sqrt[14]{13^{11}}$ f) $\sqrt[3]{7}$

284 Find out the integer root and the remainder using the square root algorithm:

a) $\sqrt{35}$ b) $\sqrt{531}$ c) $\sqrt{38}$ d) $\sqrt{485}$

e) $\sqrt{145}$ f) $\sqrt{94}$

285 Calculate the following square roots in your head (do not use calculator):

a) $\sqrt{25}$ b) $\sqrt{4}$ c) $\sqrt{81}$

d) $\sqrt{121}$ e) $\sqrt{100}$ f) $\sqrt{49}$

286 Simplify the following expressions into a single root:

a) $\sqrt{13^3 \sqrt[4]{13^2}}$ b) $\sqrt[3]{7^5} \times \sqrt[9]{3^2}$ c) $\dfrac{\sqrt[3]{5^2}}{\sqrt{3}}$ d) $\sqrt[5]{3^3} \times \sqrt[7]{3^2}$

e) $\dfrac{\sqrt[3]{17^7}}{\sqrt[4]{17^3}}$ f) $\sqrt[4]{\sqrt[3]{19^7}}$

287 Withdraw any factors you can from inside the radical:

a) $\sqrt[3]{\dfrac{2^7 \cdot 3^2 \cdot 5^2}{7^5}}$ b) $\sqrt{\dfrac{3}{5 \cdot 7^6}}$ c) $\sqrt{\dfrac{1}{3 \cdot 7^2}}$ d) $\sqrt[3]{2 \cdot 3^5 \cdot 5^5}$

e) $\sqrt{2^2 \cdot 3^2 \cdot 5^3 \cdot 7^3}$ f) $\sqrt{2^2 \cdot 3^2 \cdot 5 \cdot 7^5}$

288 Simplify the following expressions into a single power with positive exponent:

a) $\left[\left(\dfrac{5}{3} \right)^{-3} \times \left(\dfrac{5}{3} \right)^4 \right]^2 \times \left(\dfrac{3}{5} \right)^3$

b) $\dfrac{\left[\left(\dfrac{3}{4} \right)^3 \right]^4 \times \left(\dfrac{3}{4} \right)^3 \times \left(\dfrac{3}{4} \right)^4}{\left(\dfrac{4}{3} \right)^{-3} \times \left(\dfrac{3}{4} \right)^3}$

c) $\left[\left(\dfrac{3}{4} \right)^{-3} \right]^8 \times \left(\dfrac{3}{4} \right)^{-4} \times \left(\dfrac{4}{3} \right)^4 \times \left(\dfrac{3}{4} \right)^{-3}$

d) $\left[\left(\dfrac{3}{4} \right)^{-2} \times \left(\dfrac{4}{3} \right)^4 \right]^3 \times \left(\dfrac{4}{3} \right)^4$

e) $\left[\left(\dfrac{3}{5} \right)^{-6} \times \left(\dfrac{3}{5} \right)^3 \right]^{-3} \times \left(\dfrac{3}{5} \right)^3$

f) $\dfrac{\left[\left(\dfrac{4}{5} \right)^{-2} \right]^3 \times \left(\dfrac{4}{5} \right)^{-3} \times \left(\dfrac{5}{4} \right)^2}{\left(\dfrac{5}{4} \right)^4 \times \left(\dfrac{4}{5} \right)^{-3}}$

289 Simplify the following expressions:

a) $3^2 - 3^{-3}$ b) $5^{-2} + 5^4$ c) $3^3 - 3^{-5}$ d) $3^3 - 3^{-4}$ e) $8^2 - 8^{-3}$

f) $3^{-2} + 3^4$

290 Simplify the following expressions by rationalizing the denominator:

a) $\dfrac{\sqrt{2}}{\sqrt{13}}$
b) $\dfrac{12}{\sqrt{5}}$
c) $\dfrac{95}{\sqrt{35}}$
d) $\dfrac{\sqrt{15}}{\sqrt{7}}$

e) $\dfrac{16}{\sqrt{5}}$
f) $\dfrac{32}{\sqrt{6}}$

291 Find out the integer root and the remainder using the square root algorithm:

a) $\sqrt{303}$
b) $\sqrt{594}$
c) $\sqrt{199}$
d) $\sqrt{97}$
e) $\sqrt{966}$
f) $\sqrt{836}$

292 Calculate the integer root and the remainder using the square root algorithm:

a) $\sqrt{86516}$
b) $\sqrt{44521}$
c) $\sqrt{36076}$
d) $\sqrt{729316}$
e) $\sqrt{64424}$
f) $\sqrt{73984}$

293 Convert the radicals to exponential expressions:

a) $\sqrt[17]{7^8}$
b) $\sqrt[17]{3^{14}}$
c) $\sqrt{2}$
d) $\sqrt[9]{17^7}$
e) $\sqrt[7]{7^5}$
f) $\sqrt[9]{3^8}$

294 Remove factors from the radicand:

a) $\sqrt{\dfrac{3^2 \cdot 7^3}{5^8}}$
b) $\sqrt{\dfrac{3^3 \cdot 5^3 \cdot 7}{2}}$
c) $\sqrt[3]{\dfrac{3^3 \cdot 5 \cdot 7^3}{2^3}}$
d) $\sqrt[4]{\dfrac{2^3 \cdot 3^6 \cdot 7^6}{5}}$

e) $\sqrt[4]{\dfrac{3 \cdot 5^3}{2^7 \cdot a^2}}$
f) $\sqrt{2^8 \cdot b^2 \cdot a}$

295 Find out the integer root and the remainder using the square root algorithm:

a) $\sqrt{67110}$
b) $\sqrt{748225}$
c) $\sqrt{7651}$
d) $\sqrt{2809}$
e) $\sqrt{447733}$
f) $\sqrt{6497}$

296 Remove factors from the radicand:

a) $\sqrt[4]{\dfrac{2^7 \cdot 5^{17}}{3^4}}$
b) $\sqrt[3]{\dfrac{3^4 \cdot 7^5}{2^3 \cdot 5^5}}$
c) $\sqrt{5^3 \cdot 7}$
d) $\sqrt[3]{\dfrac{2 \cdot 3^2 \cdot 7^5}{5^4}}$

e) $\sqrt[3]{\dfrac{2^2 \cdot 5}{3^7 \cdot 7^5}}$
f) $\sqrt[5]{\dfrac{2^2 \cdot 3^{18} \cdot 5^5}{7^2}}$

297 Find out the integer root and the remainder using the square root algorithm:

a) $\sqrt{70635}$
b) $\sqrt{80366}$
c) $\sqrt{18769}$
d) $\sqrt{5190}$
e) $\sqrt{50625}$
f) $\sqrt{95552}$

298 Simplify the following expressions:

a) $6^{-2} + 6^{-3}$ b) $3^3 - 3^{-4}$ c) $3^2 - 3^{-3}$ d) $2^{-3} + 2^4$ e) $2^2 - 2^{-5}$

f) $8^{-2} + 8^3$

299 Write each radical in exponential expression:

a) $\sqrt[13]{5^9}$ b) $\sqrt[7]{11^5}$ c) $\sqrt[9]{17^7}$ d) $\sqrt[11]{19^3}$ e) $\sqrt{7}$ f) $\sqrt[3]{11}$

300 Rationalize the following expressions:

a) $\dfrac{10}{\sqrt{44} - 4}$ b) $\dfrac{\sqrt{44}}{\sqrt{44} - 2}$ c) $\dfrac{3}{\sqrt{7} - 6}$ d) $\dfrac{18}{\sqrt{7} - 6}$

e) $\dfrac{5}{\sqrt{8} + 6}$ f) $\dfrac{20}{\sqrt{10} + 4}$

301 Simplify the following expressions into a single power with positive exponent:

a) $\left[\left(\dfrac{3}{2} \right)^3 \times \left(\dfrac{27}{8} \right)^4 \right]^3 \div \left(\dfrac{8}{27} \right)^{-4}$ b) $\left(\dfrac{3}{4} \right)^3 \times \left(\dfrac{64}{27} \right)^{-4} \times \left(\dfrac{256}{81} \right)^{-4}$

c) $\left(\dfrac{3}{2} \right)^{-3} \times \left(\dfrac{27}{8} \right)^{-4} \div \left(\dfrac{27}{8} \right)^{-4}$ d) $\dfrac{\left[\left(\dfrac{3}{2} \right)^3 \right]^7 \div \left(\dfrac{8}{27} \right)^3}{\left(\dfrac{9}{4} \right)^3}$

e) $\left[\left(\dfrac{5}{3} \right)^{-5} \times \left(\dfrac{27}{125} \right)^{-2} \right]^4 \div \left(\dfrac{27}{125} \right)^3$ f) $\left(\dfrac{3}{4} \right)^{-7} \times \left(\dfrac{64}{27} \right)^4 \times \left(\dfrac{64}{27} \right)^2$

302 Simplify the following expressions by rationalizing the denominator:

a) $\dfrac{4}{\sqrt{21} - 8}$ b) $\dfrac{\sqrt{39}}{\sqrt{39} - 6}$ c) $\dfrac{11}{\sqrt{6} + 6}$ d) $\dfrac{\sqrt{13}}{\sqrt{13} - 3}$

e) $\dfrac{\sqrt{35}}{\sqrt{35} - 9}$ f) $\dfrac{6}{\sqrt{24} + 6}$

303 Simplify the following expressions into a single power with positive exponent:

a) $\left(\dfrac{4}{3}\right)^{-4} \times \left(\dfrac{64}{27}\right)^{-3} \times \left(\dfrac{81}{256}\right)^{-6}$

b) $\left(\dfrac{2}{5}\right)^{2} \times \left(\dfrac{8}{125}\right)^{3} \div \left(\dfrac{125}{8}\right)^{3}$

c) $\left[\left(\dfrac{4}{3}\right)^{2} \times \left(\dfrac{81}{256}\right)^{-5}\right]^{4} \div \left(\dfrac{64}{27}\right)^{5}$

d) $\left(\dfrac{3}{2}\right)^{-5} \times \left(\dfrac{16}{81}\right)^{-3} \div \left(\dfrac{32}{243}\right)^{-3}$

e) $\dfrac{\left[\left(\dfrac{2}{7}\right)^{-3}\right]^{4} \div \left(\dfrac{49}{4}\right)^{5}}{\left(\dfrac{343}{8}\right)^{3}}$

f) $\left[\left(\dfrac{4}{3}\right)^{-4} \times \left(\dfrac{64}{27}\right)^{-3}\right]^{2} \div \left(\dfrac{64}{27}\right)^{3}$

304 Calculate the following square roots in your head (do not use calculator):

a) $\sqrt{100}$

b) $\sqrt{25}$

c) $\sqrt{64}$

d) $\sqrt{36}$

e) $\sqrt{49}$

f) $\sqrt{121}$

305 Simplify the following expressions into a single root:

a) $\dfrac{\sqrt[4]{3^{9}}}{\sqrt[5]{3}}$

b) $\sqrt[8]{\sqrt[6]{3^{3}}}$

c) $\sqrt[4]{2^{3}\sqrt[9]{2}}$

d) $\sqrt[5]{3^{4}} \times \sqrt[7]{7^{2}}$

e) $\dfrac{\sqrt{3^{3}}}{\sqrt[7]{5^{3}}}$

f) $\sqrt[3]{5^{4}} \times \sqrt[8]{5^{3}}$

306 Simplify the following expressions into a single power with positive exponent:

a) $\left(\dfrac{5}{3}\right)^{2} \times \left(\dfrac{25}{9}\right)^{4} \div \left(\dfrac{9}{25}\right)^{-2}$

b) $\dfrac{\left[\left(\dfrac{2}{5}\right)^{-3}\right]^{5} \div \left(\dfrac{25}{4}\right)^{3}}{\left(\dfrac{125}{8}\right)^{-2}}$

c) $\left[\left(\dfrac{3}{4}\right)^{-4} \times \left(\dfrac{64}{27}\right)^{-4}\right]^{2} \div \left(\dfrac{64}{27}\right)^{-3}$

d) $\dfrac{\left[\left(\dfrac{3}{4}\right)^{-3}\right]^{-3} \div \left(\dfrac{16}{9}\right)^{3}}{\left(\dfrac{64}{27}\right)^{3}}$

e) $\left[\left(\dfrac{2}{3}\right)^{-3} \times \left(\dfrac{4}{9}\right)^{2}\right]^{3} \div \left(\dfrac{8}{27}\right)^{-4}$

f) $\left(\dfrac{3}{2}\right)^{4} \times \left(\dfrac{27}{8}\right)^{8} \div \left(\dfrac{8}{27}\right)^{-2}$

307 Withdraw any factors you can from inside the radical:

a) $\sqrt{\dfrac{2^3 \cdot 5}{3^7}}$
      b) $\sqrt[3]{2^5 \cdot 3^4 \cdot 5^3}$
      c) $\sqrt{\dfrac{2^3 \cdot 5^2 \cdot 7^2}{3^8}}$
      d) $\sqrt{\dfrac{3}{5^2}}$

e) $\sqrt[3]{\dfrac{c^5 \cdot b^5 \cdot a}{v^4}}$
      f) $\sqrt[3]{\dfrac{v^4}{c^9 \cdot b}}$

308 Simplify the following expressions into a single power with positive exponent:

a) $\left[\left(\dfrac{3}{2}\right)^{-3}\right]^4 \times \left(\dfrac{3}{2}\right)^{-3} \times \left(\dfrac{2}{3}\right)^4 \times \left(\dfrac{3}{2}\right)^4$

b) $\left[\left(\dfrac{5}{4}\right)^4 \times \left(\dfrac{4}{5}\right)^{-3}\right]^{-3} \times \left(\dfrac{4}{5}\right)^{-7}$

c) $\dfrac{\left[\left(\dfrac{4}{3}\right)^4\right]^3 \times \left(\dfrac{4}{3}\right)^4 \times \left(\dfrac{4}{3}\right)^4}{\left(\dfrac{3}{4}\right)^{-3} \times \left(\dfrac{3}{4}\right)^{-2}}$

d) $\left[\left(\dfrac{2}{3}\right)^{-2}\right]^8 \times \left(\dfrac{3}{2}\right)^3 \times \left(\dfrac{3}{2}\right)^{-2} \times \left(\dfrac{2}{3}\right)^{-3}$

e) $\left[\left(\dfrac{3}{2}\right)^{-3} \times \left(\dfrac{2}{3}\right)^6\right]^4 \times \left(\dfrac{2}{3}\right)^{-2}$

f) $\dfrac{\left[\left(\dfrac{5}{2}\right)^3\right]^3 \times \left(\dfrac{5}{2}\right)^3 \times \left(\dfrac{5}{2}\right)^{-4}}{\left(\dfrac{5}{2}\right)^2 \times \left(\dfrac{2}{5}\right)^{-3}}$

309 Simplify the following expressions into a single power:

    a) $3^4 \times 27^4 \times 9^4$
    b) $3^2 \times 27^3 \times 9^3$
    c) $3^7 \times 9^6 \div 27^2$

d) $\dfrac{(3^3)^9 \div 27^6}{9^2}$
    e) $(3^2 \times 27^4)^2 \div 81^3$
    f) $2^3 \times 64^4 \times 16^2$

310 Simplify the following expressions removing factors from the radicand:

    a) $\sqrt{2^7 \cdot 5^3}$
    b) $\sqrt[4]{\dfrac{1}{2^3 \cdot 5^6 \cdot 7^7}}$
    c) $\sqrt[4]{2^{18} \cdot 5^8 \cdot 7^7}$
    d) $\sqrt[5]{2 \cdot 3^{10} \cdot 5^8}$

e) $\sqrt{3^2 \cdot 5 \cdot 7^6}$
    f) $\sqrt[5]{\dfrac{2^{14} \cdot 3^{15}}{7^5}}$

311 Calculate the following expressions:

a) $6\sqrt[3]{7} - 6\sqrt[3]{189} - 5\sqrt[3]{56}$

b) $7\sqrt[3]{5} - 2\sqrt[3]{40} + 3\sqrt[3]{135}$

c) $5\sqrt[3]{3} + 9\sqrt[3]{192} + 2\sqrt[3]{81} + 2\sqrt[3]{24}$

d) $4\sqrt[3]{2} - 6\sqrt[3]{686}$

e) $6\sqrt[3]{625} + \sqrt[3]{5} - 2\sqrt[3]{135}$

f) $3\sqrt[3]{3} - 7\sqrt[3]{648} - 6\sqrt[3]{192}$

312 Withdraw any factors you can from inside the radical:

a) $\sqrt[5]{\dfrac{2^{15}\cdot 3^5}{5^3\cdot 7^5}}$

b) $\sqrt{2\cdot 5^7}$

c) $\sqrt[5]{\dfrac{2^5\cdot 3^3}{5^5\cdot a}}$

d) $\sqrt{2^3\cdot 3^3\cdot 5\cdot 7^2}$

e) $\sqrt{2^3\cdot 3\cdot 7^7}$

f) $\sqrt[3]{\dfrac{2^5\cdot b^9}{a^3}}$

313 Write each exponential expression in radical form:

a) $11^{1/14}$ b) $7^{8/9}$ c) $3^{11/12}$ d) $3^{2/3}$ e) $13^{1/2}$ f) $11^{3/11}$

314 Simplify each radical by rationalizing the denominator:

a) $\dfrac{\sqrt{5}}{\sqrt{3}}$

b) $\dfrac{4}{\sqrt{11}}$

c) $\dfrac{10}{\sqrt{35}}$

d) $\dfrac{\sqrt{3}}{\sqrt{5}}$

e) $\dfrac{19}{\sqrt{11}}$

f) $\dfrac{\sqrt{15}}{\sqrt{13}}$

315 Find out the integer root and the remainder using the square root algorithm:

a) $\sqrt{46431}$ b) $\sqrt{906304}$ c) $\sqrt{509828}$ d) $\sqrt{7356}$

e) $\sqrt{2797}$ f) $\sqrt{909277}$

316 Simplify the following expressions into a single root:

a) $\sqrt[4]{7^3} \times \sqrt[3]{13^8}$

b) $\dfrac{\sqrt[6]{13^3}}{\sqrt[3]{5^2}}$

c) $\sqrt{2^3} \times \sqrt[3]{2^4}$

d) $\dfrac{\sqrt[3]{5^2}}{\sqrt[7]{5^4}}$

e) $\sqrt[5]{\sqrt[3]{5}}$

f) $\sqrt{5^3\sqrt[8]{5^6}}$

317 Remove factors from the radicand:

a) $\sqrt{\dfrac{2^3 \cdot 3 \cdot 5^2}{a^2}}$

b) $\sqrt{2^7 \cdot 3 \cdot 7^3}$

c) $\sqrt[4]{\dfrac{2^6 \cdot 3^2}{5^{11} \cdot 7^5}}$

d) $\sqrt{\dfrac{a^2}{2^2 \cdot 3^5 \cdot b}}$

e) $\sqrt{\dfrac{2 \cdot 3^2}{5^2 \cdot 7}}$

f) $\sqrt{\dfrac{7^3}{2^4}}$

318 Simplify the following expressions into a single power with positive exponent:

a) $\dfrac{\left[\left(\dfrac{4}{5}\right)^3\right]^4 \times \left(\dfrac{5}{4}\right)^{-2} \times \left(\dfrac{5}{4}\right)^{-4}}{\left(\dfrac{5}{4}\right)^5 \times \left(\dfrac{5}{4}\right)^{-3}}$

b) $\dfrac{\left[\left(\dfrac{3}{13}\right)^{-2}\right]^2 \times \left(\dfrac{13}{3}\right)^4 \times \left(\dfrac{13}{3}\right)^3}{\left(\dfrac{3}{13}\right)^{-7} \times \left(\dfrac{3}{13}\right)^{-3}}$

c) $\left[\left(\dfrac{2}{3}\right)^{-2}\right]^2 \times \left(\dfrac{3}{2}\right)^4 \times \left(\dfrac{3}{2}\right)^5 \times \left(\dfrac{3}{2}\right)^{-3}$

d) $\left[\left(\dfrac{2}{3}\right)^{-3} \times \left(\dfrac{3}{2}\right)^2\right]^4 \times \left(\dfrac{2}{3}\right)^2$

e) $\dfrac{\left[\left(\dfrac{3}{4}\right)^{-3}\right]^4 \times \left(\dfrac{4}{3}\right)^{-4} \times \left(\dfrac{3}{4}\right)^{-2}}{\left(\dfrac{4}{3}\right)^7 \times \left(\dfrac{4}{3}\right)^4}$

f) $\left[\left(\dfrac{3}{4}\right)^4\right]^3 \times \left(\dfrac{3}{4}\right)^2 \times \left(\dfrac{4}{3}\right)^3 \times \left(\dfrac{3}{4}\right)^3$

319 Simplify the following expressions into a single power with positive exponent:

a) $\left[\left(\dfrac{4}{7}\right)^{-2}\right]^4 \times \left(\dfrac{7}{4}\right)^3 \times \left(\dfrac{4}{7}\right)^3 \times \left(\dfrac{4}{7}\right)^{-3}$

b) $\left[\left(\dfrac{5}{4}\right)^{-3} \times \left(\dfrac{4}{5}\right)^7\right]^4 \times \left(\dfrac{5}{4}\right)^{-3}$

c) $\dfrac{\left[\left(\dfrac{2}{3}\right)^{-2}\right]^4 \times \left(\dfrac{3}{2}\right)^3 \times \left(\dfrac{2}{3}\right)^{-3}}{\left(\dfrac{2}{3}\right)^{-2} \times \left(\dfrac{3}{2}\right)^4}$

d) $\left[\left(\dfrac{7}{3}\right)^6\right]^3 \times \left(\dfrac{3}{7}\right)^{-4} \times \left(\dfrac{7}{3}\right)^{-2} \times \left(\dfrac{3}{7}\right)^{-3}$

e) $\left[\left(\dfrac{5}{4}\right)^4 \times \left(\dfrac{4}{5}\right)^{-3}\right]^3 \times \left(\dfrac{5}{4}\right)^2$

f) $\dfrac{\left[\left(\dfrac{4}{5}\right)^{-2}\right]^2 \times \left(\dfrac{4}{5}\right)^{-3} \times \left(\dfrac{5}{4}\right)^4}{\left(\dfrac{5}{4}\right)^{-4} \times \left(\dfrac{4}{5}\right)^{-4}}$

320 Simplify the following expressions:

a) $\left(\sqrt{6}+1\right)\left(\sqrt{6}-1\right)$

b) $\left(5\sqrt{2}+\sqrt{3}\right)^2$

c) $\left(1-\sqrt{6}\right)^2$

d) $\left(9+\sqrt{3}\right)\left(9-\sqrt{3}\right)$

e) $\left(\sqrt{10}+\sqrt{7}\right)^2$

f) $\left(5-\sqrt{11}\right)^2$

321 Simplify each expression by rationalizing the denominator:

a) $\dfrac{11}{\sqrt{26}-3}$

b) $\dfrac{\sqrt{15}}{\sqrt{15}-5}$

c) $\dfrac{16}{\sqrt{15}+3}$

d) $\dfrac{5}{\sqrt{3}-3}$

e) $\dfrac{1}{\sqrt{45}-6}$

f) $\dfrac{13}{\sqrt{35}-4}$

322 Simplify the following expressions by rationalizing the denominator:

a) $\dfrac{\sqrt{23}}{\sqrt{23}-6}$

b) $\dfrac{4}{\sqrt{50}+4}$

c) $\dfrac{\sqrt{12}}{\sqrt{12}-8}$

d) $\dfrac{\sqrt{22}}{\sqrt{22}-3}$

e) $\dfrac{5}{\sqrt{6}+8}$

f) $\dfrac{4}{\sqrt{40}-1}$

323 Convert the radicals to exponential expressions:

a) $\sqrt[3]{5}$ **b)** $\sqrt[4]{5^3}$ **c)** $\sqrt[11]{5^8}$ **d)** $\sqrt[16]{2^{15}}$ **e)** $\sqrt[14]{3^5}$ **f)** $\sqrt[3]{3}$

324 Simplify the following expressions by rationalizing the denominator:

a) $\dfrac{7}{\sqrt{2}}$

b) $\dfrac{45}{\sqrt{39}}$

c) $\dfrac{\sqrt{5}}{\sqrt{3}}$

d) $\dfrac{14}{\sqrt{5}}$

e) $\dfrac{10}{\sqrt{14}}$

f) $\dfrac{\sqrt{19}}{\sqrt{11}}$

325 Calculate the integer root and the remainder using the square root algorithm:

a) $\sqrt{20}$ **b)** $\sqrt{81}$ **c)** $\sqrt{78}$ **d)** $\sqrt{676}$

e) $\sqrt{917}$ **f)** $\sqrt{876}$

326 Write each radical in exponential expression:

a) $\sqrt[8]{17^3}$ **b)** $\sqrt[11]{17^6}$ **c)** $\sqrt[11]{17^2}$ **d)** $\sqrt[17]{13^3}$ **e)** $\sqrt{13}$ **f)** $\sqrt[10]{11^9}$

327 Simplify the following expressions into a single power with positive exponent:

a) $\left(\dfrac{3}{4}\right)^{-2} \times \left(\dfrac{16}{9}\right)^{-3} \div \left(\dfrac{27}{64}\right)^{2}$

b) $\dfrac{\left[\left(\dfrac{4}{3}\right)^{5}\right]^{5} \div \left(\dfrac{64}{27}\right)^{4}}{\left(\dfrac{64}{27}\right)^{3}}$

c) $\left[\left(\dfrac{4}{3}\right)^{3} \times \left(\dfrac{9}{16}\right)^{4}\right]^{3} \div \left(\dfrac{9}{16}\right)^{-4}$

d) $\left(\dfrac{5}{2}\right)^{3} \times \left(\dfrac{4}{25}\right)^{3} \times \left(\dfrac{8}{125}\right)^{3}$

e) $\left(\dfrac{3}{2}\right)^{-8} \times \left(\dfrac{8}{27}\right)^{-3} \times \left(\dfrac{9}{4}\right)^{-2}$

f) $\left(\dfrac{4}{3}\right)^{4} \times \left(\dfrac{27}{64}\right)^{-3} \div \left(\dfrac{256}{81}\right)^{4}$

328 Simplify the following expressions:

a) $\left(\sqrt{14} + \sqrt{2}\right)\left(\sqrt{14} - \sqrt{2}\right)$

b) $\left(\sqrt{3} + 4\right)\left(\sqrt{3} - 4\right)$

c) $\left(\sqrt{14} - \sqrt{11}\right)^{2}$

d) $\left(4\sqrt{5} + \sqrt{14}\right)\left(4\sqrt{5} - \sqrt{14}\right)$

e) $\left(3 + 4\sqrt{3}\right)^{2}$

f) $\left(\sqrt{5} - 1\right)^{2}$

329 Simplify the following expressions:

a) $\left(4 + \sqrt{13}\right)^{2}$

b) $\left(\sqrt{7} - \sqrt{5}\right)^{2}$

c) $\left(1 + \sqrt{5}\right)\left(1 - \sqrt{5}\right)$

d) $\left(7 + \sqrt{2}\right)^{2}$

e) $\left(4\sqrt{2} - \sqrt{7}\right)^{2}$

f) $\left(5 + \sqrt{6}\right)\left(5 - \sqrt{6}\right)$

330 Calculate the following expressions:

a) $5\sqrt{80} - \sqrt{125}$

b) $4\sqrt{5} + 2\sqrt{80} + 2\sqrt{20}$

c) $3\sqrt{5} + \sqrt{125}$

d) $3\sqrt{3} + 5\sqrt{48} + 2\sqrt{12}$

e) $3\sqrt{3} - 6\sqrt{75} + 3\sqrt{12}$

f) $3\sqrt{5} + 4\sqrt{320} + 3\sqrt{80}$

331 Simplify each radical by rationalizing the denominator:

a) $\dfrac{12}{\sqrt[6]{37^{5}}}$

b) $\dfrac{96}{\sqrt[5]{15^{2}}}$

c) $\dfrac{25}{\sqrt[9]{11}}$

d) $\dfrac{57}{\sqrt[9]{87}}$

e) $\dfrac{28}{\sqrt[7]{12^{4}}}$

f) $\dfrac{21}{\sqrt[7]{17^{2}}}$

332 Write each exponential expression in radical notation:

a) $13^{11/17}$ **b)** $13^{1/3}$ **c)** $5^{7/13}$ **d)** $5^{3/16}$ **e)** $17^{5/7}$ **f)** $3^{1/2}$

333 Simplify the following expressions by rationalizing the denominator:

a) $\dfrac{12}{\sqrt{13}}$ **b)** $\dfrac{10}{\sqrt{6}}$ **c)** $\dfrac{\sqrt{20}}{\sqrt{3}}$ **d)** $\dfrac{51}{\sqrt{6}}$

e) $\dfrac{48}{\sqrt{15}}$ **f)** $\dfrac{\sqrt{17}}{\sqrt{7}}$

334 Calculate the following expressions:

a) $4\sqrt[3]{2} + 8\sqrt[3]{128} - 2\sqrt[3]{54}$ **b)** $3\sqrt[3]{2} + 5\sqrt[3]{54} - \sqrt[3]{250}$

c) $6\sqrt[3]{3} - 4\sqrt[3]{81} - 6\sqrt[3]{192}$ **d)** $7\sqrt[3]{3} + 3\sqrt[3]{24}$

e) $9\sqrt[3]{2} - 5\sqrt[3]{250} + 2\sqrt[3]{16}$ **f)** $8\sqrt[3]{3} - 2\sqrt[3]{375} + 4\sqrt[3]{24} - \sqrt[3]{81}$

335 Simplify the following expressions into a single power:

a) $\dfrac{(7^3)^4 \div 49^3}{49^3}$ **b)** $(2^2 \times 8^3)^4 \div 8^6$ **c)** $2^2 \times 16^3 \times 256^4$

d) $3^2 \times 9^2 \div 27^2$ **e)** $\dfrac{(3^3)^4 \div 9^3}{27^2}$ **f)** $(3^4 \times 9^4)^3 \div 27^4$

336 Simplify the following expressions:

a) $4^{-2} + 4^{-3}$ **b)** $6^2 - 6^{-3}$ **c)** $6^{-2} + 6^3$ **d)** $2^{-2} + 2^{-3}$ **e)** $4^{-3} + 4^4$

f) $3^3 - 3^{-4}$

337 Simplify the following expressions into a single root:

a) $\sqrt[8]{3^3} \times \sqrt[3]{5^5}$ **b)** $\dfrac{\sqrt{5^3}}{\sqrt[4]{5^5}}$ **c)** $\sqrt[3]{\sqrt[5]{17^4}}$ **d)** $\sqrt[8]{13^3 \sqrt[3]{13^4}}$

e) $\sqrt[4]{5^2} \times \sqrt[3]{7^5}$ **f)** $\dfrac{\sqrt{3^7}}{\sqrt[3]{2^2}}$

338 Find out the integer root and the remainder using the square root algorithm:

a) $\sqrt{50267}$ **b)** $\sqrt{58358}$ **c)** $\sqrt{3379}$ **d)** $\sqrt{433437}$

e) $\sqrt{35265}$ **f)** $\sqrt{75076}$

339 Simplify the following expressions into a single power with positive exponent:

a) $\left[\left(\dfrac{2}{3}\right)^4 \times \left(\dfrac{8}{27}\right)^{-7}\right]^3 \div \left(\dfrac{81}{16}\right)^{-2}$

b) $\left(\dfrac{3}{2}\right)^4 \times \left(\dfrac{16}{81}\right)^3 \times \left(\dfrac{27}{8}\right)^2$

c) $\left(\dfrac{2}{5}\right)^3 \times \left(\dfrac{8}{125}\right)^{-3} \div \left(\dfrac{8}{125}\right)^{-3}$

d) $\dfrac{\left[\left(\dfrac{3}{5}\right)^{-4}\right]^{-9} \div \left(\dfrac{125}{27}\right)^2}{\left(\dfrac{25}{9}\right)^{-3}}$

e) $\left[\left(\dfrac{5}{4}\right)^{-3} \times \left(\dfrac{64}{125}\right)^3\right]^4 \div \left(\dfrac{25}{16}\right)^{-3}$

f) $\left(\dfrac{2}{3}\right)^{-3} \times \left(\dfrac{8}{27}\right)^3 \times \left(\dfrac{8}{27}\right)^{-3}$

340 Simplify each radical by rationalizing the denominator:

a) $\dfrac{13}{\sqrt{11}-6}$

b) $\dfrac{\sqrt{17}}{\sqrt{17}-6}$

c) $\dfrac{19}{\sqrt{40}+3}$

d) $\dfrac{19}{\sqrt{14}-9}$

e) $\dfrac{\sqrt{34}}{\sqrt{34}-3}$

f) $\dfrac{7}{\sqrt{3}+2}$

341 Calculate the following expressions:

a) $2\sqrt{3} - 3\sqrt{27} - 6\sqrt{12}$

b) $\sqrt{3} - 4\sqrt{75} - 2\sqrt{12}$

c) $2\sqrt{7} + 6\sqrt{112} + 3\sqrt{252}$

d) $5\sqrt{3} - 3\sqrt{27} + 2\sqrt{48}$

e) $4\sqrt{5} + 2\sqrt{20}$

f) $5\sqrt{5} + \sqrt{80} + \sqrt{125}$

342 Simplify each radical by rationalizing the denominator:

a) $\dfrac{4}{\sqrt{37}+5}$

b) $\dfrac{5}{\sqrt{42}-6}$

c) $\dfrac{\sqrt{46}}{\sqrt{46}-8}$

d) $\dfrac{20}{\sqrt{28}+5}$

e) $\dfrac{12}{\sqrt{38}-1}$

f) $\dfrac{\sqrt{37}}{\sqrt{37}-3}$

343 Simplify each expression by rationalizing the denominator:

a) $\dfrac{13}{\sqrt{19}-6}$
b) $\dfrac{\sqrt{41}}{\sqrt{41}-6}$
c) $\dfrac{6}{\sqrt{21}+3}$
d) $\dfrac{16}{\sqrt{24}-2}$

e) $\dfrac{18}{\sqrt{31}-7}$
f) $\dfrac{6}{\sqrt{19}+3}$

344 Simplify the following expressions by rationalizing the denominator:

a) $\dfrac{\sqrt{45}}{\sqrt{45}-4}$
b) $\dfrac{13}{\sqrt{34}+7}$
c) $\dfrac{10}{\sqrt{48}-3}$
d) $\dfrac{\sqrt{38}}{\sqrt{38}-5}$

e) $\dfrac{19}{\sqrt{43}+4}$
f) $\dfrac{4}{\sqrt{21}-4}$

345 Calculate these expressions:

a) $\sqrt{5}-2\sqrt{20}$

b) $2\sqrt{5}+2\sqrt{80}+2\sqrt{20}$

c) $4\sqrt{3}+6\sqrt{48}+3\sqrt{147}$

d) $\sqrt{7}-\sqrt{63}$

e) $2\sqrt{5}-5\sqrt{125}+5\sqrt{20}$

f) $5\sqrt{2}-\sqrt{50}-6\sqrt{98}+5\sqrt{72}$

346 Simplify the following expressions:

a) $8^{-2}+8^{-3}$
b) $6^{-2}+6^{-3}$
c) $8^{-2}+8^{3}$
d) $4^{-2}+4^{3}$
e) $7^{2}-7^{-3}$

f) $5^{-3}+5^{-4}$

347 Calculate these expressions:

a) $7\sqrt[3]{40}+7\sqrt[3]{320}+4\sqrt[3]{625}$

b) $3\sqrt[3]{2}-4\sqrt[3]{128}-7\sqrt[3]{16}$

c) $8\sqrt[3]{2}-3\sqrt[3]{16}-8\sqrt[3]{54}+\sqrt[3]{250}$

d) $5\sqrt[3]{3}-6\sqrt[3]{81}-4\sqrt[3]{648}$

e) $4\sqrt[3]{81}+9\sqrt[3]{375}+8\sqrt[3]{3}$

f) $6\sqrt[3]{3}+2\sqrt[3]{24}$

348 Simplify each expression by rationalizing the denominator:

a) $\dfrac{15}{\sqrt{18}+2}$

b) $\dfrac{15}{\sqrt{35}-2}$

c) $\dfrac{\sqrt{34}}{\sqrt{34}-5}$

d) $\dfrac{7}{\sqrt{19}+2}$

e) $\dfrac{10}{\sqrt{21}-6}$

f) $\dfrac{\sqrt{15}}{\sqrt{15}-9}$

349 Simplify the following expressions:

a) $\left(1+\sqrt{15}\right)\left(1-\sqrt{15}\right)$

b) $\left(\sqrt{15}+1\right)^2$

c) $\left(1-\sqrt{5}\right)^2$

d) $\left(7+\sqrt{2}\right)\left(7-\sqrt{2}\right)$

e) $\left(1+\sqrt{6}\right)^2$

f) $\left(\sqrt{13}-\sqrt{14}\right)^2$

350 Simplify each radical by rationalizing the denominator:

a) $\dfrac{\sqrt{17}}{\sqrt{17}-4}$

b) $\dfrac{1}{\sqrt{20}+2}$

c) $\dfrac{17}{\sqrt{45}-5}$

d) $\dfrac{\sqrt{18}}{\sqrt{18}-5}$

e) $\dfrac{6}{\sqrt{5}+7}$

f) $\dfrac{7}{\sqrt{38}-2}$

351 Simplify the following expressions into a single power with positive exponent:

a) $\left[\left(\dfrac{3}{4}\right)^2\right]^3 \times \left(\dfrac{3}{4}\right)^{-3} \times \left(\dfrac{4}{3}\right)^4 \times \left(\dfrac{3}{4}\right)^{-3}$

b) $\left[\left(\dfrac{5}{3}\right)^{-2} \times \left(\dfrac{3}{5}\right)^3\right]^3 \times \left(\dfrac{3}{5}\right)^3$

c) $\dfrac{\left[\left(\dfrac{4}{3}\right)^{-4}\right]^4 \times \left(\dfrac{3}{4}\right)^{-2} \times \left(\dfrac{3}{4}\right)^3}{\left(\dfrac{4}{3}\right)^{-8} \times \left(\dfrac{4}{3}\right)^{-3}}$

d) $\left[\left(\dfrac{3}{11}\right)^4\right]^2 \times \left(\dfrac{11}{3}\right)^{-3} \times \left(\dfrac{3}{11}\right)^{-5} \times \left(\dfrac{11}{3}\right)^{-3}$

e) $\left[\left(\dfrac{4}{3}\right)^2 \times \left(\dfrac{3}{4}\right)^{-9}\right]^3 \times \left(\dfrac{4}{3}\right)^3$

f) $\dfrac{\left[\left(\dfrac{2}{5}\right)^4\right]^3 \times \left(\dfrac{5}{2}\right)^{-2} \times \left(\dfrac{5}{2}\right)^{-3}}{\left(\dfrac{2}{5}\right)^4 \times \left(\dfrac{2}{5}\right)^3}$

352 Simplify each radical by rationalizing the denominator:

a) $\dfrac{62}{\sqrt[3]{58^2}}$

b) $\dfrac{5}{\sqrt[7]{31^6}}$

c) $\dfrac{29}{\sqrt[4]{17^3}}$

d) $\dfrac{42}{\sqrt[7]{15^4}}$

e) $\dfrac{12}{\sqrt[5]{7^3}}$

f) $\dfrac{15}{\sqrt[5]{33^4}}$

353 Remove factors from the radicand:

a) $\sqrt{\dfrac{2^2 \cdot 7}{3^7 \cdot 5}}$

b) $\sqrt{3^3 \cdot 5^8 \cdot 7^5}$

c) $\sqrt{3 \cdot 5^7}$

d) $\sqrt[3]{\dfrac{2 \cdot 3^3}{5^6 \cdot 7^2}}$

e) $\sqrt[4]{3^7 \cdot 7^3}$

f) $\sqrt{2 \cdot 3 \cdot 5^2 \cdot a^3}$

354 Simplify each expression by rationalizing the denominator:

a) $\dfrac{46}{\sqrt[7]{38^3}}$

b) $\dfrac{15}{\sqrt[9]{23}}$

c) $\dfrac{78}{\sqrt[4]{62^3}}$

d) $\dfrac{51}{\sqrt[3]{39^2}}$

e) $\dfrac{24}{\sqrt[8]{13^5}}$

f) $\dfrac{39}{\sqrt[7]{21^4}}$

355 Simplify the following expressions into a single root:

a) $\dfrac{\sqrt[8]{7}}{\sqrt[3]{3^4}}$

b) $\sqrt{5^3} \times \sqrt[4]{5^3}$

c) $\sqrt[7]{5^2 \sqrt[3]{5^4}}$

d) $\sqrt[4]{3} \times \sqrt[5]{11^2}$

e) $\dfrac{\sqrt[4]{5}}{\sqrt[3]{3^8}}$

f) $\sqrt[8]{3^4 \sqrt[3]{3^7}}$

356 Simplify the following expressions into a single power:

a) $(3^3)^3 \times 3^2 \times 3^3 \times 3^3$

b) $(5^3 \times 5^2)^4 \times 5^3$

c) $\dfrac{(2^3)^2 \times 2^3 \times 2^3}{2^3 \times 2^2}$

d) $(5^3)^3 \times 5^4 \times 5^6 \times 5^3$

e) $(2^2 \times 2^4)^3 \times 2^2$

f) $\dfrac{(3^2)^3 \times 3^4 \times 3^4}{3^2 \times 3^2}$

357 Simplify the following expressions into a single root:

a) $\sqrt[3]{\sqrt{3^3}}$

b) $\sqrt[3]{2^7\sqrt{2}}$

c) $\sqrt[3]{3^8} \times \sqrt[4]{7^6}$

d) $\dfrac{\sqrt{5^3}}{\sqrt[3]{3^2}}$

e) $\sqrt[3]{7^2} \times \sqrt[6]{7^5}$

f) $\dfrac{\sqrt{2^3}}{\sqrt[3]{2^4}}$

358 Calculate the following expressions:

a) $9\sqrt[3]{5} - 8\sqrt[3]{135}$

b) $8\sqrt[3]{3} - 9\sqrt[3]{192} - 4\sqrt[3]{375}$

c) $4\sqrt[3]{5} - 8\sqrt[3]{135} + 5\sqrt[3]{625} - 5\sqrt[3]{320}$

d) $9\sqrt[3]{3} - \sqrt[3]{81}$

e) $2\sqrt[3]{5} - 6\sqrt[3]{135} - 6\sqrt[3]{320}$

f) $6\sqrt[3]{3} + 4\sqrt[3]{375} + 2\sqrt[3]{81}$

359 Calculate the integer root and the remainder using the square root algorithm:

a) $\sqrt{606}$ b) $\sqrt{958}$ c) $\sqrt{23}$ d) $\sqrt{689}$

e) $\sqrt{48}$ f) $\sqrt{50}$

360 Rationalize the following expressions:

a) $\dfrac{8}{\sqrt{46}+7}$

b) $\dfrac{8}{\sqrt{5}-4}$

c) $\dfrac{\sqrt{37}}{\sqrt{37}-6}$

d) $\dfrac{2}{\sqrt{41}+7}$

e) $\dfrac{1}{\sqrt{41}-5}$

f) $\dfrac{\sqrt{47}}{\sqrt{47}-7}$

361 Simplify the following expressions removing factors from the radicand:

a) $\sqrt[4]{2^4 \cdot 3 \cdot 5^{14}}$

b) $\sqrt{\dfrac{a^3}{2 \cdot 3}}$

c) $\sqrt{\dfrac{5^3 \cdot a}{3}}$

d) $\sqrt{\dfrac{2^2 \cdot 3^3}{5 \cdot 7^3}}$

e) $\sqrt[5]{\dfrac{5 \cdot 7^5}{2^5 \cdot 3^8}}$

f) $\sqrt{\dfrac{7^2}{3 \cdot 5}}$

362 Simplify the following expressions into a single power:

a) $\dfrac{(3^4)^4 \times 3^3 \times 3^2}{3^8 \times 3^3}$

b) $(2^2)^2 \times 2^3 \times 2^2 \times 2^3$

c) $(5^3 \times 5^3)^4 \times 5^2$

d) $\dfrac{(3^4)^3 \times 3^6 \times 3^4}{3^4 \times 3^3}$

e) $(3^7)^2 \times 3^2 \times 3^4 \times 3^3$

f) $(5^2 \times 5^2)^3 \times 5^4$

363 Simplify the following expressions by rationalizing the denominator:

a) $\dfrac{19}{\sqrt{21}+7}$

b) $\dfrac{9}{\sqrt{22}-6}$

c) $\dfrac{\sqrt{6}}{\sqrt{6}-7}$

d) $\dfrac{16}{\sqrt{50}-4}$

e) $\dfrac{14}{\sqrt{35}-4}$

f) $\dfrac{\sqrt{3}}{\sqrt{3}-3}$

364 Simplify the following expressions into a single power:

a) $(3^2)^3 \times 3^3 \times 3^3 \times 3^2$

b) $(3^3 \times 3^3)^2 \times 3^3$

c) $\dfrac{(3^4)^4 \times 3^4 \times 3^4}{3^4 \times 3^4}$

d) $(5^4)^4 \times 5^2 \times 5^3 \times 5^8$

e) $(5^2 \times 5^3)^3 \times 5^4$

f) $\dfrac{(3^3)^3 \times 3^3 \times 3^2}{3^2 \times 3^3}$

365 Calculate these expressions:

a) $8\sqrt[3]{5} + 7\sqrt[3]{320}$

b) $8\sqrt[3]{2} + 4\sqrt[3]{250} + 8\sqrt[3]{128}$

c) $7\sqrt[3]{81} - 2\sqrt[3]{375} + 4\sqrt[3]{648}$

d) $3\sqrt[3]{5} - 4\sqrt[3]{320} + 3\sqrt[3]{135} + \sqrt[3]{625}$

e) $3\sqrt[3]{7} + 8\sqrt[3]{56}$

f) $4\sqrt[3]{5} + 2\sqrt[3]{625} - 9\sqrt[3]{135}$

366 Simplify each expression by rationalizing the denominator:

a) $\dfrac{18}{\sqrt[7]{34}}$

b) $\dfrac{12}{\sqrt[4]{52^3}}$

c) $\dfrac{16}{\sqrt[3]{31^2}}$

d) $\dfrac{30}{\sqrt[5]{57^2}}$

e) $\dfrac{8}{\sqrt[4]{37^3}}$

f) $\dfrac{21}{\sqrt[7]{87^3}}$

367 Write each exponential expression in radical notation:

a) $5^{1/3}$

b) $11^{1/15}$

c) $13^{6/13}$

d) $11^{3/13}$

e) $3^{1/12}$

f) $5^{3/13}$

368 Simplify the following expressions by rationalizing the denominator:

a) $\dfrac{25}{\sqrt[9]{17^4}}$

b) $\dfrac{42}{\sqrt[9]{69^8}}$

c) $\dfrac{60}{\sqrt[5]{28^3}}$

d) $\dfrac{38}{\sqrt[7]{3^4}}$

e) $\dfrac{11}{\sqrt[8]{2^7}}$

f) $\dfrac{65}{\sqrt[5]{85^3}}$

369 Simplify the following expressions into a single power with positive exponent:

a) $\dfrac{\left[\left(\dfrac{4}{3}\right)^{-2}\right]^{-2} \div \left(\dfrac{256}{81}\right)^{3}}{\left(\dfrac{64}{27}\right)^{3}}$

b) $\left[\left(\dfrac{3}{4}\right)^{-3} \times \left(\dfrac{81}{256}\right)^{3}\right]^{-2} \div \left(\dfrac{64}{27}\right)^{-8}$

c) $\left(\dfrac{5}{3}\right)^{-3} \times \left(\dfrac{27}{125}\right)^{4} \times \left(\dfrac{125}{27}\right)^{4}$

d) $\left(\dfrac{3}{4}\right)^{-3} \times \left(\dfrac{9}{16}\right)^{-4} \div \left(\dfrac{81}{256}\right)^{2}$

e) $\dfrac{\left[\left(\dfrac{2}{3}\right)^{-6}\right]^{3} \div \left(\dfrac{27}{8}\right)^{3}}{\left(\dfrac{81}{16}\right)^{3}}$

f) $\left[\left(\dfrac{3}{2}\right)^{-3} \times \left(\dfrac{8}{27}\right)^{2}\right]^{-3} \div \left(\dfrac{27}{8}\right)^{-3}$

370 Find out the integer root and the remainder using the square root algorithm:

a) $\sqrt{98671}$ b) $\sqrt{1950}$ c) $\sqrt{93109}$ d) $\sqrt{90079}$

e) $\sqrt{6210}$ f) $\sqrt{69280}$

371 Simplify the following expressions into a single power with positive exponent:

a) $\left[\left(\dfrac{3}{4}\right)^{-3} \times \left(\dfrac{27}{64}\right)^{4}\right]^{6} \div \left(\dfrac{64}{27}\right)^{-3}$

b) $\left(\dfrac{4}{7}\right)^{-3} \times \left(\dfrac{343}{64}\right)^{-4} \times \left(\dfrac{343}{64}\right)^{4}$

c) $\left(\dfrac{3}{5}\right)^{9} \times \left(\dfrac{27}{125}\right)^{-4} \times \left(\dfrac{125}{27}\right)^{3}$

d) $\left(\dfrac{5}{8}\right)^{4} \times \left(\dfrac{25}{64}\right)^{-4} \div \left(\dfrac{64}{25}\right)^{-5}$

e) $\dfrac{\left[\left(\dfrac{2}{3}\right)^{-3}\right]^{3} \div \left(\dfrac{81}{16}\right)^{2}}{\left(\dfrac{81}{16}\right)^{-3}}$

f) $\left(\dfrac{5}{7}\right)^{3} \times \left(\dfrac{343}{125}\right)^{3} \div \left(\dfrac{125}{343}\right)^{8}$

372 Simplify each expression by rationalizing the denominator:

a) $\dfrac{4}{\sqrt{32} - 7}$ b) $\dfrac{\sqrt{12}}{\sqrt{12} - 8}$ c) $\dfrac{6}{\sqrt{32} + 5}$ d) $\dfrac{5}{\sqrt{10} - 6}$

e) $\dfrac{\sqrt{32}}{\sqrt{32} - 8}$ f) $\dfrac{18}{\sqrt{43} + 1}$

373 Simplify the following expressions:

a) $\left(\sqrt{11} - \sqrt{7}\right)^2$

b) $\left(\sqrt{15} + \sqrt{5}\right)\left(\sqrt{15} - \sqrt{5}\right)$

c) $\left(\sqrt{2} + \sqrt{15}\right)^2$

d) $\left(\sqrt{11} - \sqrt{15}\right)^2$

e) $\left(\sqrt{10} + \sqrt{5}\right)\left(\sqrt{10} - \sqrt{5}\right)$

f) $\left(\sqrt{11} + 1\right)^2$

374 Simplify the following expressions into a single power with positive exponent:

a) $\left[\left(\dfrac{3}{4}\right)^{-3}\right]^3 \times \left(\dfrac{4}{3}\right)^2 \times \left(\dfrac{3}{4}\right)^{-8} \times \left(\dfrac{4}{3}\right)^4$

b) $\left[\left(\dfrac{3}{4}\right)^{-2} \times \left(\dfrac{3}{4}\right)^{-2}\right]^3 \times \left(\dfrac{3}{4}\right)^{-2}$

c) $\dfrac{\left[\left(\dfrac{3}{4}\right)^2\right]^4 \times \left(\dfrac{3}{4}\right)^4 \times \left(\dfrac{3}{4}\right)^{-3}}{\left(\dfrac{3}{4}\right)^2 \times \left(\dfrac{4}{3}\right)^{-2}}$

d) $\left[\left(\dfrac{2}{3}\right)^4\right]^2 \times \left(\dfrac{3}{2}\right)^{-6} \times \left(\dfrac{3}{2}\right)^{-6} \times \left(\dfrac{2}{3}\right)^{-4}$

e) $\left[\left(\dfrac{3}{4}\right)^3 \times \left(\dfrac{4}{3}\right)^3\right]^2 \times \left(\dfrac{3}{4}\right)^2$

f) $\dfrac{\left[\left(\dfrac{4}{5}\right)^3\right]^4 \times \left(\dfrac{4}{5}\right)^2 \times \left(\dfrac{5}{4}\right)^{-4}}{\left(\dfrac{5}{4}\right)^2 \times \left(\dfrac{4}{5}\right)^4}$

375 Calculate the integer root and the remainder using the square root algorithm:

a) $\sqrt{79}$ **b)** $\sqrt{73}$ **c)** $\sqrt{985}$ **d)** $\sqrt{45}$

e) $\sqrt{959}$ **f)** $\sqrt{848}$

376 Simplify the following expressions into a single power:

a) $(3^3)^4 \times 3^3 \times 3^2 \times 3^3$ **b)** $(3^3 \times 3^8)^6 \times 3^3$ **c)** $\dfrac{(2^4)^3 \times 2^3 \times 2^2}{2^4 \times 2^2}$

d) $(3^3)^4 \times 3^3 \times 3^3 \times 3^4$ **e)** $(2^7)^3 \times 2^2 \times 2^3 \times 2^3$ **f)** $(3^3 \times 3^3)^2 \times 3^3$

377 Simplify each radical by rationalizing the denominator:

a) $\dfrac{15}{\sqrt{33}}$ **b)** $\dfrac{\sqrt{20}}{\sqrt{13}}$ **c)** $\dfrac{19}{\sqrt{13}}$ **d)** $\dfrac{15}{\sqrt{39}}$

e) $\dfrac{\sqrt{15}}{\sqrt{11}}$ **f)** $\dfrac{9}{\sqrt{5}}$

378 Simplify each radical by rationalizing the denominator:

a) $\dfrac{7}{\sqrt[3]{37}}$

b) $\dfrac{36}{\sqrt[8]{52^3}}$

c) $\dfrac{75}{\sqrt[4]{87}}$

d) $\dfrac{2}{\sqrt[7]{13^5}}$

e) $\dfrac{42}{\sqrt[4]{39^3}}$

f) $\dfrac{10}{\sqrt[5]{29^2}}$

379 Rationalize the following expressions:

a) $\dfrac{\sqrt{39}}{\sqrt{39}-3}$

b) $\dfrac{19}{\sqrt{48}+6}$

c) $\dfrac{8}{\sqrt{41}-8}$

d) $\dfrac{\sqrt{20}}{\sqrt{20}-8}$

e) $\dfrac{10}{\sqrt{29}+8}$

f) $\dfrac{\sqrt{35}}{\sqrt{35}-4}$

380 Calculate these expressions:

a) $8^2 + 3^5$ b) $(-2)^3 + 4^4$ c) $(-6)^3 + 3^5$ d) $6^2 - (-5)^3$ e) $6^2 + 5^3$

f) $3^3 - (-5)^4$

381 Simplify each expression by rationalizing the denominator:

a) $\dfrac{2}{\sqrt[8]{11}}$

b) $\dfrac{26}{\sqrt[5]{34^4}}$

c) $\dfrac{17}{\sqrt[3]{3^2}}$

d) $\dfrac{6}{\sqrt[8]{46^3}}$

e) $\dfrac{28}{\sqrt[4]{5^3}}$

f) $\dfrac{38}{\sqrt[4]{3^3}}$

382 Write each exponential expression in radical notation:

a) $17^{1/3}$ b) $19^{3/10}$ c) $5^{3/7}$ d) $19^{10/11}$ e) $17^{1/2}$ f) $5^{4/13}$

383 Simplify each radical by rationalizing the denominator:

a) $\dfrac{6}{\sqrt[7]{37^6}}$

b) $\dfrac{2}{\sqrt[7]{37^4}}$

c) $\dfrac{85}{\sqrt[4]{15^3}}$

d) $\dfrac{22}{\sqrt[8]{3^5}}$

e) $\dfrac{54}{\sqrt[5]{38^3}}$

f) $\dfrac{31}{\sqrt[7]{23^2}}$

384 Simplify the following expressions into a single power:

a) $(3^3 \times 3^3)^2 \times 3^3$

b) $\dfrac{(3^8)^2 \times 3^3 \times 3^2}{3^7 \times 3^6}$

c) $(5^2)^4 \times 5^3 \times 5^4 \times 5^3$

d) $(5^3 \times 5^5)^3 \times 5^8$

e) $\dfrac{(13^4)^2 \times 13^4 \times 13^3}{13^3 \times 13^2}$

f) $(3^2)^4 \times 3^3 \times 3^2 \times 3^3$

385 Simplify the following expressions into a single power with positive exponent:

a) $\dfrac{\left[\left(\frac{5}{2}\right)^3\right]^5 \times \left(\frac{5}{2}\right)^{-6} \times \left(\frac{2}{5}\right)^{-3}}{\left(\frac{2}{5}\right)^4 \times \left(\frac{5}{2}\right)^9}$

b) $\left[\left(\frac{5}{4}\right)^4\right]^3 \times \left(\frac{4}{5}\right)^{-3} \times \left(\frac{4}{5}\right)^{-2} \times \left(\frac{4}{5}\right)^3$

c) $\left[\left(\frac{3}{5}\right)^{-4} \times \left(\frac{3}{5}\right)^{-4}\right]^{-3} \times \left(\frac{3}{5}\right)^{-2}$

d) $\dfrac{\left[\left(\frac{7}{5}\right)^4\right]^3 \times \left(\frac{5}{7}\right)^3 \times \left(\frac{7}{5}\right)^9}{\left(\frac{7}{5}\right)^{-3} \times \left(\frac{7}{5}\right)^3}$

e) $\left[\left(\frac{5}{3}\right)^2\right]^4 \times \left(\frac{3}{5}\right)^{-3} \times \left(\frac{5}{3}\right)^3 \times \left(\frac{5}{3}\right)^3$

f) $\left[\left(\frac{3}{5}\right)^{-4} \times \left(\frac{5}{3}\right)^{-2}\right]^3 \times \left(\frac{5}{3}\right)^4$

386 Simplify the following expressions:

a) $5^{-2} + 5^3$ **b)** $5^2 - 5^{-3}$ **c)** $2^2 - 2^{-4}$ **d)** $4^2 - 4^{-3}$ **e)** $4^3 - 4^{-4}$

f) $5^{-3} + 5^{-4}$

387 Simplify the following expressions into a single root:

a) $\sqrt[3]{2^4} \times \sqrt[7]{7^8}$ **b)** $\sqrt[4]{5\sqrt[3]{5^2}}$ **c)** $\sqrt{5^3} \times \sqrt[6]{7^8}$ **d)** $\dfrac{\sqrt[3]{2^7}}{\sqrt[4]{3^3}}$

e) $\sqrt[9]{3^2} \times \sqrt[6]{3}$ **f)** $\dfrac{\sqrt{7^3}}{\sqrt[3]{7^2}}$

388 Simplify each radical by rationalizing the denominator:

a) $\dfrac{6}{\sqrt{34}+5}$

b) $\dfrac{17}{\sqrt{28}-5}$

c) $\dfrac{\sqrt{17}}{\sqrt{17}-8}$

d) $\dfrac{2}{\sqrt{20}+4}$

e) $\dfrac{1}{\sqrt{40}-5}$

f) $\dfrac{\sqrt{10}}{\sqrt{10}-5}$

389 Simplify the following expressions into a single power with positive exponent:

a) $\left(\dfrac{3}{4}\right)^{3}\times\left(\dfrac{9}{16}\right)^{-8}\div\left(\dfrac{81}{256}\right)^{-2}$

b) $\dfrac{\left[\left(\dfrac{3}{7}\right)^{-3}\right]^{3}\div\left(\dfrac{27}{343}\right)^{3}}{\left(\dfrac{343}{27}\right)^{3}}$

c) $\left[\left(\dfrac{3}{2}\right)^{-2}\times\left(\dfrac{8}{27}\right)^{-4}\right]^{2}\div\left(\dfrac{16}{81}\right)^{3}$

d) $\left(\dfrac{4}{3}\right)^{-3}\times\left(\dfrac{9}{16}\right)^{2}\times\left(\dfrac{256}{81}\right)^{-3}$

e) $\left(\dfrac{3}{2}\right)^{-3}\times\left(\dfrac{8}{27}\right)^{3}\div\left(\dfrac{27}{8}\right)^{-4}$

f) $\dfrac{\left[\left(\dfrac{3}{2}\right)^{4}\right]^{-3}\div\left(\dfrac{4}{9}\right)^{-3}}{\left(\dfrac{8}{27}\right)^{4}}$

390 Simplify the following expressions by rationalizing the denominator:

a) $\dfrac{15}{\sqrt[7]{95^{6}}}$

b) $\dfrac{17}{\sqrt[5]{3^{3}}}$

c) $\dfrac{54}{\sqrt[5]{14^{2}}}$

d) $\dfrac{30}{\sqrt[4]{95}}$

e) $\dfrac{6}{\sqrt[8]{29^{5}}}$

f) $\dfrac{54}{\sqrt[9]{38^{4}}}$

391 Simplify the following expressions:

a) $4^{-3}+4^{-4}$
b) $8^{-2}+8^{-3}$
c) $2^{-3}+2^{-4}$
d) $4^{2}-4^{-3}$
e) $4^{-2}+4^{-4}$

f) $5^{-2}+5^{-4}$

392 Calculate the following expressions:

a) $8^{2}-(-2)^{5}$
b) $(-7)^{3}+3^{5}$
c) $(-5)^{2}+4^{4}$
d) $8^{2}+6^{3}$
e) $-5^{3}+2^{4}$

f) $(-8)^{2}+2^{6}$

393 Find out the integer root and the remainder using the square root algorithm:

a) $\sqrt{616441}$ b) $\sqrt{40000}$ c) $\sqrt{339291}$ d) $\sqrt{1723}$

e) $\sqrt{30276}$ f) $\sqrt{98046}$

394 Write each radical in exponential expression:

a) $\sqrt[17]{5^{13}}$ b) $\sqrt[11]{2^6}$ c) $\sqrt[13]{3^9}$ d) $\sqrt[13]{7^5}$ e) $\sqrt[11]{17^5}$ f) $\sqrt{7}$

395 Calculate the following expressions:

a) $3\sqrt{3} - 3\sqrt{192}$ b) $2\sqrt{2} + 5\sqrt{128} + 3\sqrt{8}$

c) $2\sqrt{5} - 3\sqrt{125}$ d) $6\sqrt{3} - \sqrt{48} + 6\sqrt{27}$

e) $3\sqrt{3} - 5\sqrt{48} + \sqrt{27}$ f) $2\sqrt{5} - 4\sqrt{45}$

396 Simplify the following expressions into a single power:

a) $(3^2)^6 \times 3^2 \times 3^3 \times 3^3$ b) $(3^3 \times 3^4)^2 \times 3^4$ c) $(3^3 \times 3^3)^2 \times 3^4$

d) $\dfrac{(3^4)^2 \times 3^8 \times 3^4}{3^3 \times 3^3}$ e) $(3^2)^4 \times 3^6 \times 3^3 \times 3^3$ f) $(2^3 \times 2^4)^9 \times 2^4$

397 Write each radical in exponential expression:

a) $\sqrt[13]{5}$ b) $\sqrt[16]{17^5}$ c) $\sqrt{19}$ d) $\sqrt[14]{5^{13}}$ e) $\sqrt[11]{13^7}$ f) $\sqrt[13]{19^9}$

398 Simplify the following expressions into a single power with positive exponent:

a) $\left[\left(\dfrac{4}{3}\right)^3 \times \left(\dfrac{4}{3}\right)^7\right]^3 \times \left(\dfrac{3}{4}\right)^2$

b) $\dfrac{\left[\left(\dfrac{5}{2}\right)^3\right]^2 \times \left(\dfrac{5}{2}\right)^{-2} \times \left(\dfrac{2}{5}\right)^{-3}}{\left(\dfrac{2}{5}\right)^{-3} \times \left(\dfrac{2}{5}\right)^{-3}}$

c) $\left[\left(\dfrac{5}{4}\right)^2\right]^2 \times \left(\dfrac{5}{4}\right)^2 \times \left(\dfrac{5}{4}\right)^{-3} \times \left(\dfrac{5}{4}\right)^{-4}$

d) $\left[\left(\dfrac{3}{5}\right)^{-3} \times \left(\dfrac{5}{3}\right)^{-3}\right]^8 \times \left(\dfrac{3}{5}\right)^5$

e) $\dfrac{\left[\left(\dfrac{4}{7}\right)^{-7}\right]^4 \times \left(\dfrac{7}{4}\right)^{-4} \times \left(\dfrac{7}{4}\right)^{-6}}{\left(\dfrac{7}{4}\right)^{-3} \times \left(\dfrac{7}{4}\right)^{-3}}$

f) $\left[\left(\dfrac{2}{3}\right)^3\right]^4 \times \left(\dfrac{3}{2}\right)^{-3} \times \left(\dfrac{2}{3}\right)^7 \times \left(\dfrac{3}{2}\right)^{-3}$

399 Simplify the following expressions into a single power:

a) $3^4 \times 81^4 \times 27^4$

b) $3^3 \times 81^4 \div 81^4$

c) $\dfrac{(3^4)^7 \div 9^3}{27^4}$

d) $(3^4 \times 27^4)^3 \div 27^4$

e) $3^3 \times 81^5 \times 81^4$

f) $5^2 \times 25^3 \div 25^2$

400 Rationalize the following expressions:

a) $\dfrac{14}{\sqrt[3]{13^2}}$

b) $\dfrac{4}{\sqrt[3]{76}}$

c) $\dfrac{34}{\sqrt[7]{29^4}}$

d) $\dfrac{30}{\sqrt[6]{29^5}}$

e) $\dfrac{96}{\sqrt[3]{87^2}}$

f) $\dfrac{9}{\sqrt[7]{31^3}}$

401 Simplify the following expressions into a single power with positive exponent:

a) $\left(\dfrac{4}{7}\right)^{-7} \times \left(\dfrac{343}{64}\right)^3 \div \left(\dfrac{49}{16}\right)^{-4}$

b) $\dfrac{\left[\left(\dfrac{3}{2}\right)^2\right]^2 \div \left(\dfrac{81}{16}\right)^3}{\left(\dfrac{81}{16}\right)^5}$

c) $\left[\left(\dfrac{4}{3}\right)^4 \times \left(\dfrac{27}{64}\right)^4\right]^3 \div \left(\dfrac{81}{256}\right)^{-3}$

d) $\left(\dfrac{4}{3}\right)^5 \times \left(\dfrac{16}{9}\right)^2 \times \left(\dfrac{27}{64}\right)^7$

e) $\left(\dfrac{3}{5}\right)^2 \times \left(\dfrac{9}{25}\right)^3 \div \left(\dfrac{9}{25}\right)^2$

f) $\dfrac{\left[\left(\dfrac{4}{3}\right)^4\right]^{-2} \div \left(\dfrac{81}{256}\right)^3}{\left(\dfrac{9}{16}\right)^4}$

402 Calculate these expressions:

a) $\sqrt{5} + 5\sqrt{80} - 4\sqrt{20}$

b) $3\sqrt{8} - 3\sqrt{50} + 6\sqrt{2} - 2\sqrt{32}$

c) $2\sqrt{3} + \sqrt{75}$

d) $2\sqrt{5} - 2\sqrt{45} + 4\sqrt{125}$

e) $5\sqrt{5} - 2\sqrt{80} - 5\sqrt{125}$

f) $3\sqrt{2} - \sqrt{8} - 2\sqrt{32}$

403 Calculate the following expressions:

a) $-5^4 + 3^5$

b) $7^3 + 2^4$

c) $-8^3 + 4^4$

d) $7^3 + 5^4$

e) $7^3 - (-5)^4$

f) $(-8)^3 + 4^4$

404 Calculate the integer root and the remainder using the square root algorithm:

a) $\sqrt{50009}$ b) $\sqrt{76318}$ c) $\sqrt{664225}$ d) $\sqrt{803346}$

e) $\sqrt{20387}$ f) $\sqrt{7011}$

405 Calculate the following expressions:

a) $2\sqrt{2} + 5\sqrt{50}$

b) $5\sqrt{2} - 6\sqrt{8} + 5\sqrt{32}$

c) $3\sqrt{5} + 2\sqrt{20} - 6\sqrt{45}$

d) $2\sqrt{3} + 6\sqrt{48}$

e) $2\sqrt{3} + 4\sqrt{12} + 4\sqrt{48}$

f) $3\sqrt{5} - 4\sqrt{180}$

406 Simplify the following expressions:

a) $\left(6\sqrt{2} - 9\right)^2$

b) $\left(\sqrt{11} + 7\right)\left(\sqrt{11} - 7\right)$

c) $\left(5 + 2\sqrt{11}\right)^2$

d) $\left(5\sqrt{2} - \sqrt{11}\right)^2$

e) $\left(2\sqrt{5} + 6\right)\left(2\sqrt{5} - 6\right)$

f) $\left(5\sqrt{2} + 1\right)^2$

407 Convert the radicals to exponential expressions:

a) $\sqrt[18]{17^5}$ b) $\sqrt[3]{19}$ c) $\sqrt{7}$ d) $\sqrt[14]{19^{13}}$ e) $\sqrt[6]{3^5}$ f) $\sqrt[17]{3^{10}}$

408 Simplify each radical by rationalizing the denominator:

a) $\dfrac{19}{\sqrt[7]{29}}$ b) $\dfrac{12}{\sqrt[7]{52^3}}$ c) $\dfrac{28}{\sqrt[7]{11^6}}$ d) $\dfrac{12}{\sqrt[6]{39^5}}$

e) $\dfrac{20}{\sqrt[4]{19^3}}$ f) $\dfrac{29}{\sqrt[7]{17^2}}$

409 Calculate the integer root and the remainder using the square root algorithm:

a) $\sqrt{18189}$ b) $\sqrt{61504}$ c) $\sqrt{82561}$ d) $\sqrt{56213}$

e) $\sqrt{760384}$ f) $\sqrt{60823}$

410 Calculate the following expressions:

a) $7\sqrt[3]{2} - 6\sqrt[3]{250} - 6\sqrt[3]{54}$

b) $3\sqrt[3]{3} + 3\sqrt[3]{24} + 7\sqrt[3]{375} - 7\sqrt[3]{192}$

c) $8\sqrt[3]{2} - \sqrt[3]{16}$

d) $4\sqrt[3]{2} - 5\sqrt[3]{250} + 3\sqrt[3]{432}$

e) $9\sqrt[3]{5} - 2\sqrt[3]{625}$

f) $4\sqrt[3]{3} - \sqrt[3]{375} - 3\sqrt[3]{81}$

411 Simplify the following expressions:

a) $\left(1 - \sqrt{6}\right)^2$

b) $\left(\sqrt{10} + \sqrt{14}\right)\left(\sqrt{10} - \sqrt{14}\right)$

c) $\left(\sqrt{11} + 4\right)^2$

d) $\left(\sqrt{6} - \sqrt{11}\right)^2$

e) $\left(4 + 3\sqrt{3}\right)\left(4 - 3\sqrt{3}\right)$

f) $\left(4\sqrt{5} + 1\right)^2$

412 Simplify each radical by rationalizing the denominator:

a) $\dfrac{11}{\sqrt{7} + 3}$

b) $\dfrac{7}{\sqrt{19} - 8}$

c) $\dfrac{\sqrt{29}}{\sqrt{29} - 3}$

d) $\dfrac{11}{\sqrt{34} + 8}$

e) $\dfrac{17}{\sqrt{48} - 4}$

f) $\dfrac{\sqrt{30}}{\sqrt{30} - 6}$

413 Simplify the following expressions into a single power with positive exponent:

a) $\dfrac{\left[\left(\frac{3}{2}\right)^3\right]^2 \div \left(\frac{27}{8}\right)^{-4}}{\left(\frac{8}{27}\right)^4}$

b) $\dfrac{\left[\left(\frac{3}{4}\right)^4\right]^3 \div \left(\frac{9}{16}\right)^{-3}}{\left(\frac{256}{81}\right)^2}$

c) $\left(\dfrac{2}{3}\right)^{-4} \times \left(\dfrac{4}{9}\right)^{-3} \div \left(\dfrac{8}{27}\right)^{-4}$

d) $\dfrac{\left[\left(\frac{2}{3}\right)^4\right]^3 \div \left(\frac{16}{81}\right)^4}{\left(\frac{4}{9}\right)^5}$

e) $\left[\left(\dfrac{5}{4}\right)^2 \times \left(\dfrac{64}{125}\right)^3\right]^3 \div \left(\dfrac{64}{125}\right)^2$

f) $\left(\dfrac{5}{2}\right)^{-6} \times \left(\dfrac{4}{25}\right)^3 \times \left(\dfrac{8}{125}\right)^{-4}$

414 Simplify the following expressions:

a) $3^{-3} + 3^5$

b) $7^2 - 7^{-3}$

c) $8^2 - 8^{-3}$

d) $5^{-3} + 5^{-4}$

e) $2^3 - 2^{-5}$

f) $6^2 - 6^{-3}$

415 Simplify each expression by rationalizing the denominator:

a) $\dfrac{8}{\sqrt[6]{31}}$

b) $\dfrac{78}{\sqrt[8]{62^3}}$

c) $\dfrac{27}{\sqrt[4]{29^3}}$

d) $\dfrac{65}{\sqrt[5]{85^2}}$

e) $\dfrac{48}{\sqrt[9]{39}}$

f) $\dfrac{2}{\sqrt[5]{29^2}}$

416 Remove factors from the radicand:

a) $\sqrt{2^2 \cdot 3^3 \cdot 5^7 \cdot 7^6}$ **b)** $\sqrt{\dfrac{2^6 \cdot 7}{3 \cdot 5}}$ **c)** $\sqrt{\dfrac{1}{2^2 \cdot 3}}$ **d)** $\sqrt{\dfrac{3^3 \cdot 5^2}{2}}$

e) $\sqrt{2^2 \cdot 3^3 \cdot 7^5}$ **f)** $\sqrt[4]{\dfrac{3^4}{5^7}}$

417 Calculate these expressions:

a) $2^2 + 3^5$ **b)** $2^2 + 4^4$ **c)** $4^3 + 5^4$ **d)** $6^2 + 2^4$ **e)** $(-4)^3 + 2^4$

f) $(-3)^3 + 5^4$

418 Simplify the following expressions into a single root:

a) $\sqrt[4]{\sqrt[3]{5^7}}$ **b)** $\sqrt{7^3 \sqrt[4]{7^3}}$ **c)** $\sqrt[9]{7^2} \times \sqrt[3]{3^2}$ **d)** $\sqrt[3]{3^2} \times \sqrt[5]{5^3}$

e) $\dfrac{\sqrt[3]{5^2}}{\sqrt[4]{3}}$ **f)** $\sqrt{7^3} \times \sqrt[9]{7^2}$

419 Simplify the following expressions into a single power:

a) $\dfrac{(5^7)^4 \div 125^4}{125^3}$ **b)** $(2^4 \times 4^3)^3 \div 4^3$ **c)** $3^3 \times 27^2 \times 81^5$

d) $2^3 \times 256^3 \div 4^3$ **e)** $\dfrac{(2^9)^2 \div 4^4}{4^3}$ **f)** $(2^4 \times 4^3)^4 \div 8^3$

420 Simplify each radical by rationalizing the denominator:

a) $\dfrac{9}{\sqrt{29} - 7}$ **b)** $\dfrac{\sqrt{30}}{\sqrt{30} - 3}$ **c)** $\dfrac{17}{\sqrt{26} + 4}$ **d)** $\dfrac{4}{\sqrt{39} - 5}$

e) $\dfrac{\sqrt{5}}{\sqrt{5} - 5}$ **f)** $\dfrac{8}{\sqrt{26} + 3}$

421 Calculate these expressions:

a) $3\sqrt[3]{5} - 6\sqrt[3]{625} + 9\sqrt[3]{320}$ **b)** $8\sqrt[3]{3} + 9\sqrt[3]{375} + 9\sqrt[3]{81}$

c) $7\sqrt[3]{3} - 9\sqrt[3]{192}$ **d)** $2\sqrt[3]{2} - \sqrt[3]{16} + 2\sqrt[3]{250}$

e) $2\sqrt[3]{375} + 8\sqrt[3]{192} + \sqrt[3]{81}$ **f)** $3\sqrt[3]{3} - 4\sqrt[3]{81} - 9\sqrt[3]{192} - 5\sqrt[3]{648}$

422 Simplify the following expressions by rationalizing the denominator:

a) $\dfrac{4}{\sqrt{13}}$

b) $\dfrac{36}{\sqrt{33}}$

c) $\dfrac{\sqrt{13}}{\sqrt{5}}$

d) $\dfrac{\sqrt{18}}{\sqrt{11}}$

e) $\dfrac{3}{\sqrt{21}}$

f) $\dfrac{11}{\sqrt{5}}$

423 Simplify each expression by rationalizing the denominator:

a) $\dfrac{4}{\sqrt{14}}$

b) $\dfrac{\sqrt{15}}{\sqrt{11}}$

c) $\dfrac{2}{\sqrt{3}}$

d) $\dfrac{39}{\sqrt{21}}$

e) $\dfrac{\sqrt{5}}{\sqrt{2}}$

f) $\dfrac{9}{\sqrt{5}}$

424 Convert the exponential expressions to radicals:

a) $5^{2/15}$ b) $7^{9/13}$ c) $5^{1/3}$ d) $17^{1/6}$ e) $19^{1/2}$ f) $13^{1/2}$

425 Calculate the following expressions:

a) $7\sqrt[3]{192} + 2\sqrt[3]{81} + 7\sqrt[3]{648} + 2\sqrt[3]{24}$

b) $7\sqrt[3]{648} - 2\sqrt[3]{81}$

c) $6\sqrt[3]{7} + 9\sqrt[3]{448} - 5\sqrt[3]{56}$

d) $\sqrt[3]{5} - 3\sqrt[3]{625} + 4\sqrt[3]{320} - \sqrt[3]{40}$

e) $5\sqrt[3]{3} + 2\sqrt[3]{375}$

f) $7\sqrt[3]{3} - 6\sqrt[3]{648}$

426 Calculate these expressions:

a) $5\sqrt[3]{5} - 2\sqrt[3]{135} + 5\sqrt[3]{40}$

b) $9\sqrt[3]{2} - \sqrt[3]{128} + 6\sqrt[3]{250} + 6\sqrt[3]{432}$

c) $4\sqrt[3]{3} - 8\sqrt[3]{375}$

d) $8\sqrt[3]{3} - 8\sqrt[3]{24} - 2\sqrt[3]{192}$

e) $3\sqrt[3]{3} - 8\sqrt[3]{648} - 5\sqrt[3]{81}$

f) $\sqrt[3]{2} - 4\sqrt[3]{432} + 4\sqrt[3]{16}$

427 Write each radical in exponential expression:

a) $\sqrt[8]{7^3}$ b) $\sqrt[3]{2}$ c) $\sqrt[5]{13}$ d) $\sqrt[10]{17^7}$ e) $\sqrt[11]{13^8}$ f) $\sqrt[17]{7^4}$

428 Calculate these expressions:

a) $3\sqrt[3]{40} + 3\sqrt[3]{320} - 8\sqrt[3]{625}$

b) $2\sqrt[3]{3} - 2\sqrt[3]{24} - 9\sqrt[3]{648}$

c) $3\sqrt[3]{3} - 2\sqrt[3]{375} + \sqrt[3]{24}$

d) $8\sqrt[3]{3} - 4\sqrt[3]{81} + 6\sqrt[3]{192}$

e) $7\sqrt[3]{3} + 6\sqrt[3]{375}$

f) $3\sqrt[3]{5} - 2\sqrt[3]{320} + 2\sqrt[3]{40}$

429 Calculate the following expressions:

a) $(-6)^2 + 2^4$ **b)** $9^2 + 3^5$ **c)** $6^2 + 3^4$ **d)** $5^3 + 2^4$ **e)** $8^2 + 4^4$
f) $6^3 + 2^6$

430 Calculate these expressions:

a) $2\sqrt[3]{7} + 4\sqrt[3]{448} - 2\sqrt[3]{56} + 2\sqrt[3]{875}$

b) $6\sqrt[3]{3} + 8\sqrt[3]{192}$

c) $6\sqrt[3]{3} - \sqrt[3]{648} + 5\sqrt[3]{81}$

d) $2\sqrt[3]{7} + 5\sqrt[3]{875}$

e) $8\sqrt[3]{7} - 4\sqrt[3]{56} - 7\sqrt[3]{448}$

f) $6\sqrt[3]{2} + 4\sqrt[3]{250}$

431 Simplify the following expressions into a single power with positive exponent:

a) $\dfrac{\left[\left(\frac{4}{3}\right)^2\right]^3 \times \left(\frac{4}{3}\right)^3 \times \left(\frac{3}{4}\right)^{-4}}{\left(\frac{3}{4}\right)^{-2} \times \left(\frac{4}{3}\right)^3}$

b) $\left[\left(\frac{4}{3}\right)^{-5}\right]^3 \times \left(\frac{4}{3}\right)^{-2} \times \left(\frac{4}{3}\right)^6 \times \left(\frac{3}{4}\right)^{-2}$

c) $\left[\left(\frac{4}{3}\right)^{-3} \times \left(\frac{4}{3}\right)^{-3}\right]^3 \times \left(\frac{4}{3}\right)^{-3}$

d) $\dfrac{\left[\left(\frac{4}{3}\right)^{-3}\right]^3 \times \left(\frac{3}{4}\right)^3 \times \left(\frac{3}{4}\right)^3}{\left(\frac{4}{3}\right)^{-4} \times \left(\frac{4}{3}\right)^{-3}}$

e) $\left[\left(\frac{2}{3}\right)^{-3}\right]^3 \times \left(\frac{3}{2}\right)^{-4} \times \left(\frac{2}{3}\right)^3 \times \left(\frac{2}{3}\right)^3$

f) $\left[\left(\frac{4}{3}\right)^2 \times \left(\frac{3}{4}\right)^{-3}\right]^3 \times \left(\frac{3}{4}\right)^{-2}$

432 Simplify the following expressions:

a) $\left(\sqrt{5} - 9\right)^2$

b) $\left(2 - \sqrt{7}\right)^2$

c) $\left(4 + 3\sqrt{5}\right)\left(4 - 3\sqrt{5}\right)$

d) $\left(4\sqrt{6} + 3\sqrt{7}\right)^2$

e) $\left(\sqrt{10} - \sqrt{5}\right)^2$

f) $\left(\sqrt{5} + 3\sqrt{3}\right)\left(\sqrt{5} - 3\sqrt{3}\right)$

433 Remove factors from the radicand:

a) $\sqrt[3]{\dfrac{1}{2^{12}\cdot 3^{12}\cdot 5^4}}$

b) $\sqrt[3]{2\cdot 3^3}$

c) $\sqrt{\dfrac{c\cdot a^9}{b^6}}$

d) $\sqrt{\dfrac{7^2}{3^9\cdot 5^3}}$

e) $\sqrt{3\cdot 5^7}$

f) $\sqrt[4]{v^6\cdot b^7}$

434 Simplify the following expressions into a single power:

a) $(5^2 \times 5^3)^2 \times 5^3$

b) $(5^3 \times 5^3)^2 \times 5^8$

c) $\dfrac{(3^2)^3 \times 3^4 \times 3^3}{3^3 \times 3^3}$

d) $(5^2)^2 \times 5^2 \times 5^6 \times 5^4$

e) $(2^3 \times 2^2)^5 \times 2^3$

f) $\dfrac{(5^5)^3 \times 5^2 \times 5^3}{5^2 \times 5^3}$

435 Withdraw any factors you can from inside the radical:

a) $\sqrt[4]{3\cdot 5\cdot a^{12}}$

b) $\sqrt{\dfrac{2^3\cdot 5^2\cdot 7^5}{3^2}}$

c) $\sqrt{\dfrac{3^3\cdot 7^2}{5}}$

d) $\sqrt{\dfrac{2\cdot 3^3}{7^3}}$

e) $\sqrt[3]{\dfrac{2^{11}\cdot 3^{11}}{5^3}}$

f) $\sqrt[3]{2^4\cdot 3^4\cdot 7}$

436 Calculate these expressions:

a) $4^3 + 5^4$ b) $3^4 - (-2)^5$ c) $-4^3 + 3^4$ d) $8^3 + 4^4$ e) $3^3 + 2^5$

f) $(-2)^2 + 5^3$

437 Simplify the following expressions into a single root:

a) $\sqrt[3]{\sqrt[4]{2^2}}$

b) $\sqrt[8]{3^3\sqrt[4]{3^3}}$

c) $\dfrac{\sqrt[3]{3^7}}{\sqrt[9]{3^7}}$

d) $\sqrt[7]{17^3} \times \sqrt[3]{2}$

e) $\dfrac{\sqrt{13^3}}{\sqrt[3]{5}}$

f) $\dfrac{\sqrt{5^3}}{\sqrt[3]{5}}$

438 Simplify the following expressions:

a) $\left(\sqrt{6} - 1\right)^2$

b) $\left(4\sqrt{2} - 3\right)^2$

c) $\left(\sqrt{5} + 1\right)\left(\sqrt{5} - 1\right)$

d) $\left(2\sqrt{6} + 1\right)^2$

e) $\left(3\sqrt{5} - \sqrt{13}\right)^2$

f) $\left(\sqrt{3} + 3\right)\left(\sqrt{3} - 3\right)$

439 Calculate the following expressions:

a) $6\sqrt[3]{7} - 7\sqrt[3]{448}$

b) $5\sqrt[3]{7} + \sqrt[3]{189} - 4\sqrt[3]{448}$

c) $4\sqrt[3]{3} + 4\sqrt[3]{375} + 7\sqrt[3]{81}$

d) $6\sqrt[3]{3} - 4\sqrt[3]{81} + 5\sqrt[3]{648}$

e) $6\sqrt[3]{3} + \sqrt[3]{24} + 5\sqrt[3]{81}$

f) $5\sqrt[3]{3} + 2\sqrt[3]{648} + 5\sqrt[3]{24}$

440 Calculate the following expressions:

a) $2\sqrt[3]{5} - 6\sqrt[3]{135}$

b) $8\sqrt[3]{7} + 8\sqrt[3]{875} + 7\sqrt[3]{56}$

c) $5\sqrt[3]{7} + 9\sqrt[3]{189} + 4\sqrt[3]{56}$

d) $8\sqrt[3]{3} + 4\sqrt[3]{24}$

e) $6\sqrt[3]{5} + \sqrt[3]{625}$

f) $3\sqrt[3]{3} + 7\sqrt[3]{81} - 3\sqrt[3]{375}$

441 Simplify the following expressions:

a) $5^{-2} + 5^4$ **b)** $6^2 - 6^{-3}$ **c)** $8^{-2} + 8^{-3}$ **d)** $4^{-2} + 4^3$ **e)** $5^{-2} + 5^3$

f) $3^{-2} + 3^3$

442 Calculate the integer root and the remainder using the square root algorithm:

a) $\sqrt{76693}$ **b)** $\sqrt{853182}$ **c)** $\sqrt{81796}$ **d)** $\sqrt{46718}$
e) $\sqrt{3282}$ **f)** $\sqrt{3439}$

443 Calculate the integer root and the remainder using the square root algorithm:

a) $\sqrt{543}$ **b)** $\sqrt{460}$ **c)** $\sqrt{54}$ **d)** $\sqrt{31}$
e) $\sqrt{81}$ **f)** $\sqrt{51}$

444 Convert the radicals to exponential expressions:

a) $\sqrt[3]{3}$ **b)** $\sqrt[13]{13^8}$ **c)** $\sqrt[12]{17}$ **d)** $\sqrt{19}$ **e)** $\sqrt[17]{7}$ **f)** $\sqrt[15]{5^{13}}$

445 Write each exponential expression in radical form:

a) $3^{11/14}$ **b)** $5^{1/4}$ **c)** $17^{1/3}$ **d)** $13^{1/3}$ **e)** $7^{1/3}$ **f)** $5^{7/11}$

446 Simplify the following expressions into a single root:

a) $\sqrt[6]{11^4 \sqrt[4]{11^2}}$ **b)** $\sqrt[4]{11^3} \times \sqrt{3^7}$ **c)** $\dfrac{\sqrt{5^3}}{\sqrt[3]{2^8}}$ **d)** $\sqrt{7^5} \times \sqrt[4]{7^3}$

e) $\dfrac{\sqrt[3]{5^2}}{\sqrt[4]{5^2}}$ **f)** $\sqrt[4]{\sqrt[9]{2^4}}$

447 Simplify the following expressions:

a) $7^2 - 7^{-3}$ **b)** $2^3 - 2^{-4}$ **c)** $6^2 - 6^{-3}$ **d)** $2^2 - 2^{-3}$ **e)** $3^2 - 3^{-4}$

f) $4^{-3} + 4^{-4}$

448 Simplify each expression by rationalizing the denominator:

a) $\dfrac{28}{\sqrt{22}}$ **b)** $\dfrac{\sqrt{15}}{\sqrt{7}}$ **c)** $\dfrac{16}{\sqrt{3}}$ **d)** $\dfrac{45}{\sqrt{21}}$

e) $\dfrac{\sqrt{13}}{\sqrt{2}}$ **f)** $\dfrac{10}{\sqrt{3}}$

449 Rationalize the following expressions:

a) $\dfrac{10}{\sqrt[3]{7^2}}$ **b)** $\dfrac{46}{\sqrt[7]{26^6}}$ **c)** $\dfrac{2}{\sqrt[4]{22}}$ **d)** $\dfrac{24}{\sqrt[4]{87}}$

e) $\dfrac{22}{\sqrt[7]{29^2}}$ **f)** $\dfrac{25}{\sqrt[7]{11^6}}$

450 Rationalize the following expressions:

a) $\dfrac{25}{\sqrt{55}}$ **b)** $\dfrac{\sqrt{13}}{\sqrt{2}}$ **c)** $\dfrac{5}{\sqrt{11}}$ **d)** $\dfrac{8}{\sqrt{26}}$

e) $\dfrac{\sqrt{14}}{\sqrt{11}}$ **f)** $\dfrac{6}{\sqrt{11}}$

451 Calculate the following expressions:

a) $6\sqrt[3]{5} - 6\sqrt[3]{135} - 6\sqrt[3]{40}$

b) $9\sqrt[3]{2} - 5\sqrt[3]{16} - 2\sqrt[3]{128}$

c) $4\sqrt[3]{5} + 5\sqrt[3]{135}$

d) $5\sqrt[3]{3} + 4\sqrt[3]{192} + 3\sqrt[3]{81}$

e) $2\sqrt[3]{40} + 4\sqrt[3]{625} + 5\sqrt[3]{5}$

f) $8\sqrt[3]{3} + 5\sqrt[3]{192} - 8\sqrt[3]{375}$

452 Simplify the following expressions into a single power:

a) $(3^3 \times 3^3)^3 \times 3^4$

b) $(3^3 \times 3^2)^2 \times 3^3$

c) $\dfrac{(7^2)^3 \times 7^3 \times 7^3}{7^3 \times 7^3}$

d) $(3^4)^2 \times 3^3 \times 3^3 \times 3^2$

e) $(3^3 \times 3^3)^3 \times 3^3$

f) $\dfrac{(2^2)^4 \times 2^8 \times 2^4}{2^3 \times 2^4}$

453 Simplify each radical by rationalizing the denominator:

a) $\dfrac{3}{\sqrt{48} + 2}$

b) $\dfrac{17}{\sqrt{41} - 5}$

c) $\dfrac{\sqrt{13}}{\sqrt{13} - 2}$

d) $\dfrac{11}{\sqrt{32} + 5}$

e) $\dfrac{\sqrt{18}}{\sqrt{18} - 5}$

f) $\dfrac{\sqrt{6}}{\sqrt{6} - 5}$

454 Remove factors from the radicand:

a) $\sqrt[4]{\dfrac{3^4 \cdot 5^2}{2^3}}$

b) $\sqrt{\dfrac{3 \cdot 5^2}{2 \cdot 7^2}}$

c) $\sqrt{3^2 \cdot b \cdot a^4}$

d) $\sqrt{\dfrac{2^8 \cdot 3^2}{5^3 \cdot 7}}$

e) $\sqrt{2^3 \cdot 5^2 \cdot 7^6}$

f) $\sqrt[3]{2^3 \cdot 5^{12} \cdot 7^4}$

455 Simplify the following expressions into a single power:

a) $3^2 \times 27^4 \times 81^2$

b) $5^8 \times 125^3 \div 125^4$

c) $\dfrac{(2^5)^4 \div 4^4}{16^3}$

d) $(3^3 \times 81^2)^6 \div 81^3$

e) $2^2 \times 4^7 \times 8^2$

f) $5^3 \times 125^2 \div 25^4$

456 Calculate the integer root and the remainder using the square root algorithm:

a) $\sqrt{63}$

b) $\sqrt{90}$

c) $\sqrt{52}$

d) $\sqrt{147}$

e) $\sqrt{20}$

f) $\sqrt{324}$

457 Simplify the following expressions by rationalizing the denominator:

a) $\dfrac{\sqrt{7}}{\sqrt{7}-5}$
b) $\dfrac{13}{\sqrt{48}+2}$
c) $\dfrac{19}{\sqrt{7}-7}$
d) $\dfrac{\sqrt{43}}{\sqrt{43}-5}$

e) $\dfrac{14}{\sqrt{28}+8}$
f) $\dfrac{4}{\sqrt{7}-8}$

458 Write each exponential expression in radical form:

a) $11^{1/12}$
b) $11^{1/3}$
c) $13^{3/14}$
d) $7^{4/7}$
e) $7^{1/8}$
f) $5^{1/3}$

459 Simplify each expression by rationalizing the denominator:

a) $\dfrac{6}{\sqrt{11}}$
b) $\dfrac{18}{\sqrt{11}}$
c) $\dfrac{6}{\sqrt{21}}$
d) $\dfrac{\sqrt{8}}{\sqrt{13}}$

e) $\dfrac{16}{\sqrt{7}}$
f) $\dfrac{12}{\sqrt{15}}$

460 Calculate the following expressions:

a) $4\sqrt[3]{3}+4\sqrt[3]{375}$
b) $6\sqrt[3]{3}+\sqrt[3]{192}-7\sqrt[3]{81}$

c) $7\sqrt[3]{625}+8\sqrt[3]{5}-6\sqrt[3]{135}$
d) $5\sqrt[3]{3}-\sqrt[3]{81}+8\sqrt[3]{192}-6\sqrt[3]{375}$

e) $7\sqrt[3]{7}-5\sqrt[3]{875}$
f) $5\sqrt[3]{5}+3\sqrt[3]{135}+\sqrt[3]{40}$

461 Find out the integer root and the remainder using the square root algorithm:

a) $\sqrt{817}$
b) $\sqrt{720}$
c) $\sqrt{46}$
d) $\sqrt{418}$
e) $\sqrt{40}$
f) $\sqrt{84}$

462 Simplify each expression by rationalizing the denominator:

a) $\dfrac{39}{\sqrt[8]{51^7}}$
b) $\dfrac{35}{\sqrt[9]{23^2}}$
c) $\dfrac{69}{\sqrt[7]{33}}$
d) $\dfrac{46}{\sqrt[7]{22^4}}$

e) $\dfrac{10}{\sqrt[7]{23^6}}$
f) $\dfrac{60}{\sqrt[7]{44^6}}$

463 Calculate the following expressions:

a) $\sqrt{3} + 5\sqrt{27} - 3\sqrt{12}$

b) $2\sqrt{108} + 3\sqrt{27} + \sqrt{75} - 3\sqrt{12}$

c) $4\sqrt{252} + 5\sqrt{28}$

d) $6\sqrt{3} - 3\sqrt{48} - 6\sqrt{27}$

e) $2\sqrt{3} + \sqrt{12} + 4\sqrt{27} - 3\sqrt{108}$

f) $6\sqrt{5} + 2\sqrt{80}$

464 Calculate these expressions:

a) $6^3 + 4^4$ b) $7^2 + 2^6$ c) $-9^2 + 2^6$ d) $6^3 + 3^4$ e) $4^2 + 6^3$

f) $-5^2 + 2^3$

465 Simplify the following expressions into a single power with positive exponent:

a) $\dfrac{\left[\left(\dfrac{5}{4}\right)^{-4}\right]^3 \times \left(\dfrac{4}{5}\right)^{-3} \times \left(\dfrac{5}{4}\right)^{-9}}{\left(\dfrac{5}{4}\right)^{-3} \times \left(\dfrac{5}{4}\right)^{-2}}$

b) $\left[\left(\dfrac{4}{3}\right)^7\right]^9 \times \left(\dfrac{4}{3}\right)^4 \times \left(\dfrac{3}{4}\right)^{-3} \times \left(\dfrac{4}{3}\right)^4$

c) $\left[\left(\dfrac{7}{3}\right)^2 \times \left(\dfrac{3}{7}\right)^{-4}\right]^3 \times \left(\dfrac{3}{7}\right)^{-3}$

d) $\left[\left(\dfrac{5}{3}\right)^2 \times \left(\dfrac{3}{5}\right)^{-2}\right]^2 \times \left(\dfrac{5}{3}\right)^3$

e) $\dfrac{\left[\left(\dfrac{3}{4}\right)^{-3}\right]^3 \times \left(\dfrac{4}{3}\right)^{-2} \times \left(\dfrac{4}{3}\right)^3}{\left(\dfrac{4}{3}\right)^3 \times \left(\dfrac{3}{4}\right)^{-2}}$

f) $\left[\left(\dfrac{8}{5}\right)^6\right]^4 \times \left(\dfrac{5}{8}\right)^{-3} \times \left(\dfrac{5}{8}\right)^{-3} \times \left(\dfrac{8}{5}\right)^{-4}$

466 Simplify the following expressions into a single power:

a) $(5^2 \times 5^3)^9 \times 5^5$

b) $(3^8)^2 \times 3^9 \times 3^2 \times 3^8$

c) $(5^4 \times 5^3)^3 \times 5^4$

d) $\dfrac{(5^4)^4 \times 5^8 \times 5^3}{5^3 \times 5^3}$

e) $(3^4)^2 \times 3^3 \times 3^9 \times 3^7$

f) $(11^4 \times 11^3)^6 \times 11^3$

467 Convert the exponential expressions to radicals:

a) $17^{1/3}$ b) $2^{1/3}$ c) $11^{2/11}$ d) $17^{2/17}$ e) $3^{1/10}$ f) $5^{1/3}$

468 Rationalize the following expressions:

a) $\dfrac{3}{\sqrt{7}}$ 　　　　 b) $\dfrac{48}{\sqrt{15}}$ 　　　　 c) $\dfrac{5}{\sqrt{13}}$ 　　　　 d) $\dfrac{\sqrt{6}}{\sqrt{13}}$

e) $\dfrac{18}{\sqrt{10}}$ 　　　　 f) $\dfrac{\sqrt{14}}{\sqrt{5}}$

469 Simplify the following expressions:

a) $\left(9 - \sqrt{7}\right)^2$ 　　　　　　　　 b) $\left(1 - \sqrt{5}\right)^2$

c) $\left(2\sqrt{3} + \sqrt{13}\right)^2$ 　　　　　　 d) $\left(3\sqrt{11} - \sqrt{6}\right)^2$

e) $\left(3\sqrt{10} + 1\right)\left(3\sqrt{10} - 1\right)$ 　　　 f) $\left(\sqrt{11} + 4\sqrt{3}\right)^2$

470 Rationalize the following expressions:

a) $\dfrac{48}{\sqrt[3]{51^2}}$ 　　　 b) $\dfrac{50}{\sqrt[8]{6^7}}$ 　　　 c) $\dfrac{5}{\sqrt[3]{31}}$ 　　　 d) $\dfrac{93}{\sqrt[6]{15^5}}$

e) $\dfrac{37}{\sqrt[7]{29^2}}$ 　　　 f) $\dfrac{15}{\sqrt[8]{57^5}}$

471 Simplify the following expressions into a single power:

a) $2^2 \times 8^2 \times 16^3$ 　　　 b) $2^2 \times 16^4 \div 4^2$ 　　　 c) $\dfrac{(3^3)^7 \div 9^2}{27^4}$

d) $(3^5 \times 9^3)^3 \div 27^7$ 　　 e) $3^2 \times 9^7 \times 81^3$ 　　 f) $3^2 \times 9^3 \div 27^2$

472 Find out the integer root and the remainder using the square root algorithm:

a) $\sqrt{88853}$ 　　 b) $\sqrt{7744}$ 　　 c) $\sqrt{1577}$ 　　 d) $\sqrt{616225}$

e) $\sqrt{49815}$ 　　 f) $\sqrt{443556}$

473 Remove factors from the radicand:

a) $\sqrt[4]{\dfrac{a^{13}}{2^4}}$ 　　 b) $\sqrt{\dfrac{2\cdot3\cdot5}{7^3}}$ 　　 c) $\sqrt{\dfrac{2^2\cdot3}{5^2}}$ 　　 d) $\sqrt[5]{\dfrac{2^3\cdot5^{23}}{7^{18}}}$

e) $\sqrt{\dfrac{2\cdot3^2}{5^3\cdot a}}$ 　　 f) $\sqrt[3]{\dfrac{5^5\cdot7^4}{2^2}}$

474 Simplify each expression by rationalizing the denominator:

a) $\dfrac{24}{\sqrt{33}}$

b) $\dfrac{\sqrt{2}}{\sqrt{7}}$

c) $\dfrac{10}{\sqrt{3}}$

d) $\dfrac{95}{\sqrt{10}}$

e) $\dfrac{\sqrt{15}}{\sqrt{11}}$

f) $\dfrac{7}{\sqrt{2}}$

475 Simplify the following expressions by rationalizing the denominator:

a) $\dfrac{\sqrt{41}}{\sqrt{41} - 3}$

b) $\dfrac{16}{\sqrt{12} + 4}$

c) $\dfrac{13}{\sqrt{29} - 7}$

d) $\dfrac{\sqrt{18}}{\sqrt{18} - 5}$

e) $\dfrac{11}{\sqrt{3} + 4}$

f) $\dfrac{12}{\sqrt{6} - 2}$

476 Find out the integer root and the remainder using the square root algorithm:

a) $\sqrt{66304}$ **b)** $\sqrt{57784}$ **c)** $\sqrt{120409}$ **d)** $\sqrt{73193}$

e) $\sqrt{268969}$ **f)** $\sqrt{8480}$

477 Write each exponential expression in radical form:

a) $19^{6/17}$ **b)** $17^{4/7}$ **c)** $17^{1/3}$ **d)** $13^{1/14}$ **e)** $13^{9/11}$ **f)** $3^{1/3}$

478 Simplify the following expressions:

a) $\left(\sqrt{5} - 1\right)^2$

b) $\left(1 + 2\sqrt{15}\right)\left(1 - 2\sqrt{15}\right)$

c) $\left(2\sqrt{5} + 7\right)^2$

d) $\left(\sqrt{14} - 8\right)^2$

e) $\left(\sqrt{13} + 1\right)\left(\sqrt{13} - 1\right)$

f) $\left(1 + \sqrt{2}\right)^2$

479 Simplify the following expressions into a single power with positive exponent:

a) $\left[\left(\dfrac{5}{3}\right)^{-3} \times \left(\dfrac{5}{3}\right)^{-8}\right]^{3} \times \left(\dfrac{5}{3}\right)^{-3}$

b) $\left[\left(\dfrac{2}{5}\right)^{3}\right]^{4} \times \left(\dfrac{5}{2}\right)^{3} \times \left(\dfrac{2}{5}\right)^{3} \times \left(\dfrac{2}{5}\right)^{-3}$

c) $\left[\left(\dfrac{3}{2}\right)^{3} \times \left(\dfrac{2}{3}\right)^{-4}\right]^{2} \times \left(\dfrac{3}{2}\right)^{2}$

d) $\dfrac{\left[\left(\dfrac{3}{5}\right)^{-6}\right]^{4} \times \left(\dfrac{3}{5}\right)^{-4} \times \left(\dfrac{5}{3}\right)^{2}}{\left(\dfrac{3}{5}\right)^{-3} \times \left(\dfrac{5}{3}\right)^{4}}$

e) $\left[\left(\dfrac{4}{3}\right)^{-7}\right]^{5} \times \left(\dfrac{4}{3}\right)^{-4} \times \left(\dfrac{3}{4}\right)^{3} \times \left(\dfrac{3}{4}\right)^{4}$

f) $\left[\left(\dfrac{2}{3}\right)^{-3} \times \left(\dfrac{3}{2}\right)^{-3}\right]^{-3} \times \left(\dfrac{2}{3}\right)^{-3}$

480 Simplify the following expressions into a single power:

a) $\dfrac{(11^4)^4 \times 11^2 \times 11^4}{11^4 \times 11^5}$

b) $(5^4)^3 \times 5^2 \times 5^4 \times 5^4$

c) $(3^4 \times 3^2)^3 \times 3^4$

d) $\dfrac{(3^2)^3 \times 3^6 \times 3^3}{3^5 \times 3^3}$

e) $(5^3)^8 \times 5^4 \times 5^3 \times 5^3$

f) $(3^3 \times 3^3)^2 \times 3^2$

481 Calculate the following expressions:

a) $3\sqrt{3} - 6\sqrt{27} + \sqrt{48}$

b) $3\sqrt{5} - 5\sqrt{80} + 2\sqrt{20}$

c) $2\sqrt{5} - \sqrt{20} - 4\sqrt{80}$

d) $5\sqrt{2} - 2\sqrt{32} - \sqrt{72}$

e) $2\sqrt{3} - 5\sqrt{48} - 2\sqrt{147}$

f) $3\sqrt{5} - 3\sqrt{180}$

482 Simplify the following expressions into a single power:

a) $\dfrac{(3^6)^5 \div 27^3}{9^3}$

b) $(2^2 \times 16^4)^3 \div 4^3$

c) $2^4 \times 8^3 \times 8^2$

d) $3^2 \times 27^3 \div 9^2$

e) $\dfrac{(3^4)^6 \div 9^2}{27^2}$

f) $(3^3 \times 9^4)^2 \div 81^4$

483 Simplify the following expressions removing factors from the radicand:

a) $\sqrt[5]{2^8 \cdot 3^8 \cdot 7^4}$

b) $\sqrt[4]{\dfrac{3^6 \cdot a^6}{5^5}}$

c) $\sqrt[5]{\dfrac{3^{20} \cdot 5^6}{7^9}}$

d) $\sqrt[3]{\dfrac{2^3 \cdot 3 \cdot 7^5}{5}}$

e) $\sqrt{2^3 \cdot 3^7 \cdot 5 \cdot 7^4}$

f) $\sqrt{\dfrac{2 \cdot 3^6 \cdot 5}{a^3}}$

484 Write each exponential expression in radical notation:

a) $5^{3/14}$ b) $13^{4/15}$ c) $7^{1/3}$ d) $3^{2/13}$ e) $11^{5/8}$ f) $5^{9/14}$

485 Find out the integer root and the remainder using the square root algorithm:

a) $\sqrt{3417}$ b) $\sqrt{81037}$ c) $\sqrt{75795}$ d) $\sqrt{1422}$

e) $\sqrt{81669}$ f) $\sqrt{33928}$

486 Simplify the following expressions into a single root:

a) $\sqrt[8]{2} \times \sqrt{3^7}$

b) $\dfrac{\sqrt[3]{2^2}}{\sqrt{7^3}}$

c) $\sqrt[7]{7^2} \times \sqrt[8]{7^4}$

d) $\dfrac{\sqrt{2^3}}{\sqrt[4]{2^3}}$

e) $\sqrt[9]{\sqrt[7]{11}}$

f) $\sqrt[3]{7\sqrt[4]{7^5}}$

487 Calculate these expressions:

a) $5\sqrt{5} - 5\sqrt{80}$

b) $5\sqrt{3} - 4\sqrt{12} + 4\sqrt{192}$

c) $2\sqrt{3} + \sqrt{48} - 2\sqrt{75}$

d) $2\sqrt{2} + 3\sqrt{50} - 2\sqrt{18} - 3\sqrt{8}$

e) $6\sqrt{3} - \sqrt{108}$

f) $2\sqrt{5} - 4\sqrt{80} + 3\sqrt{45}$

488 Simplify the following expressions:

a) $3^{-4} + 3^5$ b) $7^{-2} + 7^{-3}$ c) $5^{-2} + 5^4$ d) $4^2 - 4^{-4}$ e) $5^{-3} + 5^{-4}$

f) $7^2 - 7^{-3}$

489 Withdraw any factors you can from inside the radical:

a) $\sqrt{3 \cdot 5^6}$

b) $\sqrt[5]{\dfrac{a^9}{3^3}}$

c) $\sqrt{\dfrac{3^2 \cdot 5}{2^3}}$

d) $\sqrt[4]{\dfrac{2^{15} \cdot 5^4}{7^4}}$

e) $\sqrt[5]{\dfrac{3^9}{a^5}}$

f) $\sqrt{2 \cdot 3^2 \cdot 7^2}$

490 Calculate the following expressions:

a) $2\sqrt{5} - \sqrt{20} - 6\sqrt{80}$

b) $\sqrt{7} + \sqrt{28} - 3\sqrt{112}$

c) $4\sqrt{2} - \sqrt{18} + \sqrt{50} + 4\sqrt{32}$

d) $6\sqrt{3} + 3\sqrt{192} + \sqrt{243}$

e) $4\sqrt{3} - 6\sqrt{108} + \sqrt{27}$

f) $5\sqrt{5} + \sqrt{20} + 2\sqrt{180} - 3\sqrt{80}$

491 Simplify the following expressions into a single power with positive exponent:

a) $\dfrac{\left[\left(\frac{3}{4}\right)^{-3}\right]^2 \div \left(\frac{64}{27}\right)^7}{\left(\frac{256}{81}\right)^8}$

b) $\left[\left(\frac{3}{4}\right)^{-3} \times \left(\frac{81}{256}\right)^4\right]^4 \div \left(\frac{16}{9}\right)^6$

c) $\left(\frac{3}{4}\right)^3 \times \left(\frac{81}{256}\right)^2 \times \left(\frac{256}{81}\right)^{-2}$

d) $\left(\frac{4}{3}\right)^{-2} \times \left(\frac{27}{64}\right)^5 \div \left(\frac{27}{64}\right)^3$

e) $\dfrac{\left[\left(\frac{3}{4}\right)^{-3}\right]^2 \div \left(\frac{256}{81}\right)^3}{\left(\frac{64}{27}\right)^3}$

f) $\left[\left(\frac{3}{5}\right)^5 \times \left(\frac{27}{125}\right)^4\right]^3 \div \left(\frac{27}{125}\right)^2$

492 Find out the integer root and the remainder using the square root algorithm:

a) $\sqrt{36834}$ b) $\sqrt{17431}$ c) $\sqrt{190969}$ d) $\sqrt{6436}$

e) $\sqrt{8687}$ f) $\sqrt{66569}$

493 Rationalize the following expressions:

a) $\dfrac{78}{\sqrt[9]{21^2}}$

b) $\dfrac{19}{\sqrt[3]{3}}$

c) $\dfrac{31}{\sqrt[4]{29^3}}$

d) $\dfrac{60}{\sqrt[4]{92^3}}$

e) $\dfrac{8}{\sqrt[5]{29^3}}$

f) $\dfrac{69}{\sqrt[4]{57^3}}$

494 Calculate these expressions:

    a) $2\sqrt{7} - \sqrt{63}$ **b)** $2\sqrt{75} + 2\sqrt{12} + 2\sqrt{108}$

    c) $6\sqrt{5} + \sqrt{125} + 4\sqrt{20} + 4\sqrt{80}$ **d)** $2\sqrt{2} + \sqrt{50}$

    e) $3\sqrt{5} + 3\sqrt{45} + \sqrt{80}$ **f)** $\sqrt{5} + 3\sqrt{45} + 6\sqrt{80} - \sqrt{125}$

Solution

1   **a)** 5^{15} **b)** 2^{22} **c)** 3^{27} **d)** 2^{27} **e)** 3^{14} **f)** 5^4

2   **a)** $13^{3/13}$ **b)** $13^{15/16}$ **c)** $17^{16/17}$ **d)** $17^{4/13}$ **e)** $3^{11/15}$ **f)** $17^{9/17}$

3   **a)** 3^7 **b)** 1 **c)** 5^{27} **d)** 5^{25} **e)** 2^3 **f)** 1

4   **a)** $\sqrt[12]{7^9 \times 5^4}$ **b)** $\sqrt[8]{3^{17}}$ **c)** $\sqrt[6]{5^9 \times 17^2}$ **d)** $\sqrt[4]{\dfrac{5}{3^3}}$

     e) $\sqrt[27]{5^{10}}$ **f)** $\sqrt[8]{5}$

5   **a)** 2^4 **b)** 11^{18} **c)** 5^{39} **d)** 1 **e)** 2^{16} **f)** 3^{26}

6   **a)** 2^{45} **b)** 3^3 **c)** 3^4 **d)** 2^{16} **e)** 3^{24} **f)** 3^6

7   **a)** $\left(\dfrac{2}{5}\right)^{15}$ **b)** $\left(\dfrac{4}{3}\right)^{40}$ **c)** $\left(\dfrac{13}{4}\right)^{13}$ **d)** $\left(\dfrac{3}{5}\right)^{27}$ **e)** $\left(\dfrac{5}{4}\right)^{19}$ **f)** $\dfrac{3}{4}$

8   **a)** 281 **b)** -135 **c)** 487 **d)** 599 **e)** -382 **f)** 297

9   **a)** 65 **b)** 174 **c)** 537 **d)** 48 **e)** 76 **f)** 593

10   **a)** $82\sqrt[3]{3}$ **b)** $36\sqrt[3]{2}$ **c)** $9\sqrt[3]{5}$ **d)** $55\sqrt[3]{2}$

     e) $-12\sqrt[3]{3}$ **f)** $-45\sqrt[3]{3}$

11   **a)** $3^4 \cdot \sqrt[5]{\dfrac{7^4}{2^3}}$ **b)** $3 \cdot \sqrt[5]{\dfrac{1}{5^2}}$ **c)** $3^3 \cdot 5 \cdot \sqrt[3]{\dfrac{2 \cdot 5}{7^2}}$

     d) $\dfrac{3}{2^2} \cdot \sqrt{\dfrac{3}{2}}$ **e)** $2 \cdot 7^2 \cdot \sqrt[4]{2^2 \cdot 3^3}$ **f)** $2 \cdot 5 \cdot \sqrt{2 \cdot 3}$

12   **a)** 3^{21} **b)** 7^{40} **c)** 13^6 **d)** 5^{25} **e)** 7^{20} **f)** 3^{40}

13   **a)** $\dfrac{1023}{64}$ **b)** $\dfrac{10}{243}$ **c)** $\dfrac{242}{27}$ **d)** $\dfrac{7775}{216}$ **e)** $\dfrac{78126}{125}$ **f)** $\dfrac{244}{9}$

14   **a)** $\left(\dfrac{5}{3}\right)^{41}$ **b)** $\left(\dfrac{3}{5}\right)^{19}$ **c)** $\left(\dfrac{5}{4}\right)^{14}$ **d)** $\left(\dfrac{3}{5}\right)^{25}$ **e)** $\left(\dfrac{12}{13}\right)^{67}$ **f)** $\left(\dfrac{2}{5}\right)^{25}$

15   **a)** $\sqrt[6]{3^9 \times 7^4}$ **b)** $\sqrt[6]{5^{25}}$ **c)** $\sqrt[8]{7^{27}}$ **d)** $\sqrt[4]{5}$

     e) $\sqrt{7}$ **f)** $\sqrt[28]{2^{16} \times 7^{21}}$

16 a) $\sqrt[6]{3^{16} \times 5^3}$ b) $\sqrt[12]{\dfrac{2^9}{5^4}}$ c) $\sqrt[6]{7^{11}}$ d) $\sqrt[12]{7^7}$

e) $\sqrt[12]{7^5}$ f) $\sqrt[12]{7^{11}}$

17 a) 3^{45} b) 5^7 c) 3^{22} d) 3^{35} e) 3^8 f) 5^{18}

18 a) $\dfrac{5\sqrt{6}}{2}$ b) $\dfrac{\sqrt{51}}{3}$ c) $\dfrac{17\sqrt{3}}{3}$ d) $\dfrac{19\sqrt{6}}{2}$

e) $\dfrac{\sqrt{88}}{11}$ f) $\dfrac{\sqrt{7}}{7}$

19 a) *Integer root = 9. Remainder = 17* b) *Integer root = 4. Remainder = 0*
c) *Integer root = 5. Remainder = 5* d) *Integer root = 15. Remainder = 5*
e) *Integer root = 5. Remainder = 2* f) *Integer root = 7. Remainder = 11*

20 a) $-7\sqrt{3}$ b) $44\sqrt{5}$ c) $8\sqrt{7}$ d) $-\sqrt{3}$

e) $-38\sqrt{5}$ f) $2\sqrt{3}$

21 a) $\dfrac{18\sqrt[8]{13^3}}{13}$ b) $\dfrac{32\sqrt[9]{57^8}}{19}$ c) $\dfrac{20\sqrt[3]{7^2}}{7}$ d) $\dfrac{19\sqrt[5]{69}}{23}$

e) $\dfrac{32\sqrt[7]{19^2}}{19}$ f) $\dfrac{8\sqrt[5]{31}}{31}$

22 a) $59 - 14\sqrt{10}$ b) 1 c) $25 + 4\sqrt{6}$ d) $16 - 2\sqrt{15}$
e) -12 f) $11 + 2\sqrt{10}$

23 a) 2^{17} b) 3^{27} c) 3^{11} d) 5^{23} e) 5^{12} f) 5^{16}

24 a) 3^{13} b) 2^{20} c) 2^{10} d) 3^6 e) 3^{42} f) 3^{22}

25 a) 5 b) 9 c) 2 d) 11 e) 6
f) 7

26 a) 3^{22} b) 3^7 c) 3^{45} d) 11^{21} e) 5^4 f) 2^{32}

27 a) 2^{75} b) 3^{26} c) 2^9 d) 3^{30} e) 3^{82} f) 3^{27}

28 a) $\sqrt[6]{11^5}$ b) $\sqrt[12]{5^5}$ c) $\sqrt[8]{7^5}$ d) $\sqrt[3]{7^2}$

e) $\sqrt[6]{5^4 \times 3^9}$ f) $\sqrt[15]{\dfrac{5^{35}}{7^9}}$

29   **a)** 2^{42} **b)** 3^{26} **c)** 3^{11} **d)** 1   **e)** 5^{31} **f)** 3^{21}

30   **a)** $\sqrt[24]{5^{16} \times 2^{21}}$ **b)** $\sqrt[6]{5^7 \times 3^3}$ **c)** $\sqrt[8]{3^6 \times 5^3}$ **d)** $\sqrt{\dfrac{11}{7}}$

       e) $\sqrt[24]{2}$ **f)** $\sqrt[24]{2^{59}}$

31   **a)** 6   **b)** 8   **c)** 7   **d)** 3   **e)** 10   **f)** 9

32   **a)** $\left(\dfrac{5}{4}\right)^3$ **b)** $\left(\dfrac{13}{3}\right)^{24}$ **c)** $\left(\dfrac{4}{3}\right)^2$ **d)** $\left(\dfrac{3}{4}\right)^{37}$ **e)** $\left(\dfrac{3}{7}\right)^{27}$ **f)** $\left(\dfrac{5}{4}\right)^{20}$

33   **a)** 5   **b)** 3   **c)** 9   **d)** 7   **e)** 10   **f)** 8

34   **a)** $\sqrt[27]{7^{22}}$ **b)** $\sqrt[20]{7^{43}}$ **c)** $\sqrt[12]{3^5}$ **d)** $\sqrt[8]{3^3}$

       e) $\sqrt[4]{7^7}$ **f)** $\sqrt[6]{3^2 \times 2^3}$

35   **a)** $\dfrac{2\sqrt[7]{33^3}}{11}$ **b)** $\dfrac{23\sqrt[7]{29^3}}{29}$ **c)** $\dfrac{25\sqrt[7]{33^2}}{11}$ **d)** $\dfrac{13\sqrt[6]{17}}{17}$

       e) $\dfrac{29\sqrt[9]{22}}{11}$ **f)** $\dfrac{40\sqrt[3]{31}}{31}$

36   **a)** 2^{16} **b)** 3^{17} **c)** 5^{24} **d)** 7^{24} **e)** 2^6 **f)** 2^6

37   **a)** $\dfrac{\sqrt{34}-2}{6}$ **b)** $\dfrac{4\sqrt{41}+16}{5}$ **c)** $\dfrac{14+\sqrt{42}}{11}$ **d)** $\dfrac{-\sqrt{14}+8}{5}$

       e) $\dfrac{-29-9\sqrt{29}}{52}$ **f)** $\dfrac{41+4\sqrt{41}}{25}$

38   **a)** 220   **b)** 194   **c)** 521   **d)** 281   **e)** -9 **f)** 528

39   **a)** $\sqrt{3}$ **b)** $\sqrt[13]{17^4}$ **c)** $\sqrt[17]{7^5}$ **d)** $\sqrt{11}$ **e)** $\sqrt[14]{13^{11}}$ **f)** $\sqrt{13}$

40   **a)** 7   **b)** 12   **c)** 6   **d)** 5   **e)** 3   **f)** 4

41   **a)** $\dfrac{38\sqrt[7]{29^6}}{29}$ **b)** $\dfrac{19\sqrt[7]{15}}{5}$ **c)** $\dfrac{15\sqrt[3]{11^2}}{11}$ **d)** $\dfrac{15\sqrt[5]{28^4}}{7}$

       e) $\dfrac{9\sqrt[6]{7}}{7}$ **f)** $\dfrac{27\sqrt[4]{74}}{37}$

42   **a)** 3^{24} **b)** 5^{22} **c)** 3^9 **d)** 1 **e)** 3^{12} **f)** 3^{20}

43   **a)** $\left(\dfrac{5}{3}\right)^{14}$ **b)** $\left(\dfrac{4}{3}\right)^{7}$ **c)** $\left(\dfrac{3}{7}\right)^{18}$ **d)** $\left(\dfrac{4}{3}\right)^{37}$ **e)** 1 **f)** $\left(\dfrac{4}{3}\right)^{11}$

44   **a)** 9 **b)** 7 **c)** 8 **d)** 10 **e)** 3
   f) 6

45   **a)** $19\sqrt{5}$ **b)** $18\sqrt{3}$ **c)** $16\sqrt{2}$ **d)** $15\sqrt{3}$

   e) 0 **f)** $-22\sqrt{5}$

46   **a)** 10 **b)** 9 **c)** 2 **d)** 7 **e)** 11
   f) 6

47   **a)** $\dfrac{63}{16}$ **b)** $\dfrac{16383}{256}$ **c)** $\dfrac{3124}{125}$ **d)** $\dfrac{78126}{125}$ **e)** $\dfrac{242}{27}$ **f)** $\dfrac{7}{216}$

48   **a)** $5^{11/16}$ **b)** $17^{3/11}$ **c)** $5^{12/17}$ **d)** $17^{3/4}$ **e)** $5^{1/3}$ **f)** $3^{13/16}$

49   **a)** $17^{7/10}$ **b)** $19^{3/11}$ **c)** $11^{1/3}$ **d)** $7^{1/3}$ **e)** $7^{9/17}$ **f)** $13^{4/11}$

50   **a)** $\sqrt[16]{7^{11}}$ **b)** $\sqrt[3]{11}$ **c)** $\sqrt[13]{7^{12}}$ **d)** $\sqrt[3]{7}$ **e)** $\sqrt[17]{3^{14}}$ **f)** $\sqrt[16]{2^{7}}$

51   **a)** 5^2 **b)** 5^{36} **c)** 5^{27} **d)** 5^3 **e)** 3^{72} **f)** 2^{30}

52   **a)** $41\sqrt{5}$ **b)** $37\sqrt{5}$ **c)** $-16\sqrt{7}$ **d)** $-32\sqrt{2}$

   e) $-3\sqrt{5}$ **f)** $29\sqrt{3}$

53   **a)** *Integer root = 9. Remainder = 17*   **b)** *Integer root = 4. Remainder = 0*
   c) *Integer root = 8. Remainder = 4*   **d)** *Integer root = 30. Remainder = 27*
   e) *Integer root = 18. Remainder = 6*   **f)** *Integer root = 15. Remainder = 12*

54   **a)** $-\sqrt{7}$ **b)** $4\sqrt{5}$ **c)** $-36\sqrt{7}$ **d)** $-5\sqrt{5}$

   e) $33\sqrt{5}$ **f)** $36\sqrt{3}$

55   **a)** 3^{15} **b)** 2^{29} **c)** 3^3 **d)** 5^2 **e)** 5^{78} **f)** 2^{16}

56   **a)** $\left(\dfrac{5}{6}\right)^{3}$ **b)** $\dfrac{13}{2}$ **c)** $\left(\dfrac{3}{5}\right)^{17}$ **d)** $\left(\dfrac{4}{5}\right)^{52}$ **e)** $\left(\dfrac{3}{4}\right)^{7}$ **f)** $\left(\dfrac{11}{5}\right)^{3}$

57   **a)** $-12\sqrt[3]{3}$ **b)** $-43\sqrt[3]{2}$ **c)** $11\sqrt[3]{2}$ **d)** $23\sqrt[3]{2}$

   e) $26\sqrt[3]{3}$ **f)** $38\sqrt[3]{3}$

58 **a)** *Integer root* = 14. *Remainder* = 26 **b)** *Integer root* = 23. *Remainder* = 13
c) *Integer root* = 12. *Remainder* = 16 **d)** *Integer root* = 17. *Remainder* = 2
e) *Integer root* = 21. *Remainder* = 0 **f)** *Integer root* = 6. *Remainder* = 5

59 **a)** $14 + 2\sqrt{33}$ **b)** $22 - 6\sqrt{13}$ **c)** -43 **d)** $57 + 4\sqrt{14}$
e) $88 - 18\sqrt{7}$ **f)** 10

60 **a)** $\dfrac{7}{216}$ **b)** $\dfrac{129}{8}$ **c)** $\dfrac{63}{16}$ **d)** $\dfrac{7777}{36}$ **e)** $\dfrac{242}{27}$ **f)** $\dfrac{32769}{64}$

61 **a)** $\dfrac{29\sqrt[5]{74^2}}{37}$ **b)** $\dfrac{16\sqrt[3]{31}}{31}$ **c)** $\dfrac{14\sqrt[7]{93^3}}{31}$ **d)** $\dfrac{36\sqrt[3]{11^2}}{11}$

e) $\dfrac{9\sqrt[7]{52^5}}{13}$ **f)** $\dfrac{25\sqrt[5]{21^2}}{7}$

62 **a)** $8 + 2\sqrt{7}$ **b)** $104 - 12\sqrt{35}$ **c)** -17 **d)** $19 + 6\sqrt{2}$
e) $58 - 4\sqrt{78}$ **f)** -13

63 **a)** $\sqrt[14]{7^{13}}$ **b)** $\sqrt[18]{3^{11}}$ **c)** $\sqrt[17]{2^{16}}$ **d)** $\sqrt[15]{3^2}$ **e)** $\sqrt[3]{11}$ **f)** $\sqrt[3]{3}$

64 **a)** $\dfrac{36\sqrt[5]{7}}{7}$ **b)** $\dfrac{17\sqrt[4]{3}}{3}$ **c)** $\dfrac{7\sqrt[6]{46}}{23}$ **d)** $\dfrac{8\sqrt[4]{21}}{7}$

e) $\dfrac{16\sqrt[7]{5^5}}{5}$ **f)** $\dfrac{5\sqrt[6]{92}}{23}$

65 **a)** 3^{27} **b)** 2^{14} **c)** 3^{14} **d)** 2^3 **e)** 5^6 **f)** 3^{20}

66 **a)** 252 **b)** -9 **c)** 40 **d)** -224 **e)** 407 **f)** 320

67 **a)** $\left(\dfrac{5}{4}\right)^9$ **b)** $\left(\dfrac{3}{5}\right)^{18}$ **c)** $\left(\dfrac{3}{4}\right)^9$ **d)** $\left(\dfrac{4}{3}\right)^{16}$ **e)** $\left(\dfrac{4}{3}\right)^9$ **f)** $\left(\dfrac{2}{3}\right)^{27}$

68 **a)** 3^{11} **b)** 3^8 **c)** 3^{48} **d)** 2^{18} **e)** 3^{15} **f)** 1

69 **a)** $\sqrt[12]{3^7}$ **b)** $\sqrt[28]{7^4 \times 3^{21}}$ **c)** $\sqrt{\dfrac{3^3}{5}}$ **d)** $\sqrt[14]{\dfrac{7^6}{2^{63}}}$

e) $\sqrt[15]{19^{22}}$ **f)** $\sqrt[12]{2^{11}}$

70 **a)** $\left(\dfrac{2}{5}\right)^{10}$ **b)** $\left(\dfrac{3}{5}\right)^{61}$ **c)** $\left(\dfrac{4}{3}\right)^{10}$ **d)** $\left(\dfrac{4}{5}\right)^{26}$ **e)** $\left(\dfrac{3}{5}\right)^{33}$ **f)** $\left(\dfrac{5}{4}\right)^{41}$

71 **a)** 499 **b)** 334 **c)** 189 **d)** 259 **e)** 1137 **f)** 379
72 **a)** 561 **b)** 424 **c)** 32 **d)** 288 **e)** 174 **f)** 459
73 **a)** *Integer root* = 152. *Remainder* = 261 **b)** *Integer root* = 135. *Remainder* = 153
c) *Integer root* = 156. *Remainder* = 308 **d)** *Integer root* = 84. *Remainder* = 52
e) *Integer root* = 795. *Remainder* = 0 **f)** *Integer root* = 182. *Remainder* = 276

74 **a)** $\dfrac{7\sqrt[7]{5}}{5}$ **b)** $\dfrac{23\sqrt[3]{29}}{29}$ **c)** $\dfrac{26\sqrt[7]{21^3}}{7}$ **d)** $\dfrac{15\sqrt[7]{37^4}}{37}$

e) $\dfrac{32\sqrt[4]{51}}{17}$ **f)** $\dfrac{23\sqrt[8]{19^5}}{19}$

75 **a)** 6 **b)** 5 **c)** 10 **d)** 11 **e)** 7
f) 9

76 **a)** $\left(\dfrac{7}{3}\right)^{27}$ **b)** $\left(\dfrac{3}{4}\right)^{20}$ **c)** $\left(\dfrac{5}{4}\right)^{14}$ **d)** $\left(\dfrac{4}{7}\right)^{9}$ **e)** $\left(\dfrac{5}{4}\right)^{16}$ **f)** $\left(\dfrac{5}{3}\right)^{9}$

77 **a)** *Integer root* = 4. *Remainder* = 6 **b)** *Integer root* = 9. *Remainder* = 13
c) *Integer root* = 9. *Remainder* = 15 **d)** *Integer root* = 30. *Remainder* = 0
e) *Integer root* = 7. *Remainder* = 11 **f)** *Integer root* = 4. *Remainder* = 1

78 **a)** $-3\sqrt{3}$ **b)** $6\sqrt{5}$ **c)** $19\sqrt{3}$ **d)** $-19\sqrt{7}$

e) $11\sqrt{3}$ **f)** $-61\sqrt{3}$

79 **a)** *Integer root* = 172. *Remainder* = 306 **b)** *Integer root* = 297. *Remainder* = 133
c) *Integer root* = 176. *Remainder* = 0 **d)** *Integer root* = 197. *Remainder* = 100
e) *Integer root* = 262. *Remainder* = 220 **f)** *Integer root* = 156. *Remainder* = 176

80 **a)** $19\sqrt[3]{3}$ **b)** $30\sqrt[3]{5}$ **c)** $-18\sqrt[3]{3}$ **d)** $56\sqrt[3]{3}$

e) $31\sqrt[3]{3}$ **f)** $11\sqrt[3]{3}$

81 **a)** *Integer root* = 851. *Remainder* = 484 **b)** *Integer root* = 301. *Remainder* = 31
c) *Integer root* = 274. *Remainder* = 220 **d)** *Integer root* = 230. *Remainder* = 273
e) *Integer root* = 159. *Remainder* = 0 **f)** *Integer root* = 87. *Remainder* = 95

82 **a)** 2^{23} **b)** 3^6 **c)** 3^{19} **d)** 2^{23} **e)** 3^{10} **f)** 3^{23}

83 **a)** $\dfrac{2186}{81}$ **b)** $\dfrac{1023}{64}$ **c)** $\dfrac{127}{32}$ **d)** $\dfrac{78124}{625}$ **e)** $\dfrac{6562}{27}$ **f)** $\dfrac{4}{27}$

84 **a)** 128 **b)** 343 **c)** 537 **d)** 1137 **e)** -100 **f)** 320

85 **a)** $\dfrac{5}{256}$ **b)** $\dfrac{1025}{16}$ **c)** $\dfrac{127}{32}$ **d)** $\dfrac{65}{4}$ **e)** $\dfrac{244}{9}$ **f)** $\dfrac{26}{625}$

86 **a)** $-22\sqrt[3]{2}$ **b)** $2\sqrt[3]{3}$ **c)** $8\sqrt[3]{3}$ **d)** $-18\sqrt[3]{5}$

e) $10\sqrt[3]{2}$ **f)** $-33\sqrt[3]{2}$

87 **a)** *Integer root* = 8. *Remainder* = 12 **b)** *Integer root* = 26. *Remainder* = 46
c) *Integer root* = 3. *Remainder* = 0 **d)** *Integer root* = 4. *Remainder* = 6
e) *Integer root* = 5. *Remainder* = 4 **f)** *Integer root* = 30. *Remainder* = 23

88 **a)** 27 **b)** $97 + 60\sqrt{2}$ **c)** $8 - 2\sqrt{15}$ **d)** 45
e) $14 + 2\sqrt{33}$ **f)** $8 - 2\sqrt{7}$

89 a) $\dfrac{\sqrt{3}}{3}$ b) $\dfrac{15\sqrt{14}}{7}$ c) $\dfrac{\sqrt{91}}{7}$ d) $\dfrac{\sqrt{7}}{7}$

e) $\dfrac{5\sqrt{21}}{7}$ f) $\dfrac{\sqrt{195}}{13}$

90 a) $\dfrac{9}{512}$ b) $\dfrac{1023}{64}$ c) $\dfrac{5}{64}$ d) $\dfrac{244}{9}$ e) $\dfrac{5}{32}$ f) $\dfrac{16806}{343}$

91 a) $\dfrac{\sqrt{30}}{2}$ b) $\dfrac{15\sqrt{33}}{11}$ c) $\dfrac{\sqrt{140}}{7}$ d) $\dfrac{11\sqrt{3}}{3}$

e) $\dfrac{6\sqrt{15}}{5}$ f) $\dfrac{\sqrt{143}}{11}$

92 a) 2^7 b) 5^{30} c) 2^{45} d) 5^{21} e) 3^{20} f) 3^{66}

93 a) $\dfrac{\sqrt{133}}{7}$ b) $\dfrac{9\sqrt{11}}{11}$ c) $\dfrac{6\sqrt{11}}{11}$ d) $\dfrac{\sqrt{209}}{11}$

e) $\dfrac{8\sqrt{3}}{3}$ f) $\dfrac{5\sqrt{55}}{11}$

94 a) *Integer root = 31. Remainder = 17* b) *Integer root = 15. Remainder = 8*
c) *Integer root = 28. Remainder = 43* d) *Integer root = 6. Remainder = 3*
e) *Integer root = 7. Remainder = 1* f) *Integer root = 18. Remainder = 3*

95 a) $7\sqrt{3}$ b) $-13\sqrt{3}$ c) $-12\sqrt{2}$ d) $11\sqrt{2}$

e) $-17\sqrt{5}$ f) $12\sqrt{5}$

96 a) $\sqrt{13}$ b) $\sqrt[17]{2^6}$ c) $\sqrt[13]{17^{12}}$ d) $\sqrt{3}$ e) $\sqrt[12]{19^{11}}$ f) $\sqrt[8]{11^7}$

97 a) 161 b) 91 c) -496 d) 225 e) 181 f) -589

98 a) 5 b) 4 c) 10 d) 9 e) 11
f) 7

99 a) $\dfrac{5}{64}$ b) $\dfrac{6}{625}$ c) $\dfrac{16383}{256}$ d) $\dfrac{7775}{216}$ e) $\dfrac{31}{8}$ f) $\dfrac{3124}{125}$

100 a) $\dfrac{242}{27}$ b) $\dfrac{7775}{216}$ c) $\dfrac{730}{9}$ d) $\dfrac{32767}{512}$ e) $\dfrac{16806}{343}$ f) $\dfrac{32769}{64}$

101 a) 5^9 b) 2^{15} c) 3^{19} d) 3^{11} e) 1 f) 2^{34}

102 a) $11\sqrt[3]{3}$ b) $-15\sqrt[3]{2}$ c) $15\sqrt[3]{7}$ d) $53\sqrt[3]{3}$

e) $-22\sqrt[3]{5}$ f) $28\sqrt[3]{3}$

103 **a)** *Integer root = 22. Remainder = 8*   **b)** *Integer root = 7. Remainder = 14*
c) *Integer root = 28. Remainder = 42*   **d)** *Integer root = 4. Remainder = 0*
e) *Integer root = 9. Remainder = 10*   **f)** *Integer root = 21. Remainder = 26*

104 **a)** 128   **b)** 280   **c)** 283   **d)** 288   **e)** −311   **f)** 537

105 **a)** $\left(\dfrac{4}{3}\right)^{27}$ **b)** $\left(\dfrac{7}{2}\right)^{18}$ **c)** $\left(\dfrac{11}{4}\right)^{12}$ **d)** $\left(\dfrac{3}{4}\right)^{16}$ **e)** $\left(\dfrac{2}{3}\right)^{23}$ **f)** $\dfrac{4}{13}$

106 **a)** 1   **b)** $\left(\dfrac{2}{3}\right)^{18}$ **c)** $\left(\dfrac{3}{4}\right)^{22}$ **d)** $\left(\dfrac{5}{2}\right)^{17}$ **e)** $\left(\dfrac{3}{2}\right)^{12}$ **f)** $\left(\dfrac{5}{4}\right)^{15}$

107 **a)** $\dfrac{25\sqrt[4]{22}}{11}$ **b)** $\dfrac{19\sqrt[5]{51^2}}{17}$ **c)** $\dfrac{15\sqrt[5]{44^2}}{11}$ **d)** $\dfrac{6\sqrt[9]{31^8}}{31}$

       e) $\dfrac{20\sqrt[3]{3}}{3}$ **f)** $\dfrac{37\sqrt[5]{58^3}}{29}$

108 **a)** $6 + 2\sqrt{5}$ **b)** $18 - 6\sqrt{5}$ **c)** 16   **d)** $4 + 2\sqrt{3}$
       e) $7 - 2\sqrt{6}$ **f)** −71

109 **a)** 7^{15} **b)** 2^{39} **c)** 3^{17} **d)** 3^{25} **e)** 2^2 **f)** 5^9

110 **a)** $\left(\dfrac{3}{4}\right)^{22}$ **b)** $\left(\dfrac{4}{3}\right)^{2}$ **c)** $\left(\dfrac{3}{2}\right)^{13}$ **d)** $\dfrac{4}{3}$ **e)** $\left(\dfrac{3}{4}\right)^{14}$ **f)** $\left(\dfrac{2}{5}\right)^{17}$

111 **a)** $7^{5/11}$ **b)** $17^{1/2}$ **c)** $5^{1/3}$ **d)** $2^{1/2}$ **e)** $13^{5/11}$ **f)** $3^{1/3}$

112 **a)** $-15\sqrt[3]{7}$ **b)** $8\sqrt[3]{5}$ **c)** $24\sqrt[3]{3}$ **d)** $-3\sqrt[3]{2}$

       e) $24\sqrt[3]{5}$ **f)** $33\sqrt[3]{3}$

113 **a)** $\dfrac{-\sqrt{10}-4}{3}$ **b)** $\dfrac{-9-12\sqrt{2}}{23}$ **c)** $\dfrac{34\sqrt{6}-51}{15}$ **d)** $\dfrac{3\sqrt{34}+9}{5}$

       e) $\dfrac{-5-2\sqrt{10}}{3}$ **f)** $\dfrac{13\sqrt{26}-52}{10}$

114 **a)** $\dfrac{\sqrt{78}}{13}$ **b)** $\dfrac{9\sqrt{5}}{5}$ **c)** $\dfrac{14\sqrt{39}}{13}$ **d)** $\dfrac{\sqrt{30}}{3}$

       e) $\dfrac{9\sqrt{11}}{11}$ **f)** $\dfrac{2\sqrt{15}}{3}$

115 a) $\dfrac{17\sqrt{55}}{11}$ b) $\dfrac{\sqrt{56}}{7}$ c) $\dfrac{8\sqrt{11}}{11}$ d) $\dfrac{8\sqrt{15}}{3}$

  e) $\dfrac{\sqrt{66}}{11}$ f) $\dfrac{12\sqrt{13}}{13}$

116 a) 3^{38} b) 3^{18} c) 3^{18} d) 3^{14} e) 3^6 f) 5^{17}

117 a) $\left(\dfrac{4}{3}\right)^4$ b) 1 c) $\left(\dfrac{3}{2}\right)^8$ d) $\left(\dfrac{7}{4}\right)^7$ e) $\left(\dfrac{3}{2}\right)^{17}$ f) $\left(\dfrac{3}{4}\right)^{27}$

118 a) $\left(\dfrac{3}{13}\right)^{22}$ b) $\left(\dfrac{4}{3}\right)^{12}$ c) $\left(\dfrac{5}{2}\right)^{24}$ d) $\left(\dfrac{7}{5}\right)^{48}$ e) $\left(\dfrac{5}{3}\right)^{14}$ f) $\left(\dfrac{5}{4}\right)^7$

119 a) $\left(\dfrac{3}{4}\right)^{23}$ b) $\left(\dfrac{3}{4}\right)^{29}$ c) $\left(\dfrac{2}{3}\right)^{13}$ d) $\left(\dfrac{11}{5}\right)^{13}$ e) $\left(\dfrac{3}{5}\right)^7$ f) $\left(\dfrac{4}{5}\right)^{16}$

120 a) $\left(\dfrac{3}{4}\right)^3$ b) $\left(\dfrac{3}{4}\right)^{28}$ c) $\left(\dfrac{4}{5}\right)^{52}$ d) $\left(\dfrac{3}{2}\right)^{10}$ e) $\left(\dfrac{3}{2}\right)^{18}$ f) $\left(\dfrac{2}{5}\right)^{88}$

121 a) $\dfrac{10\sqrt{33}}{11}$ b) $\dfrac{\sqrt{30}}{3}$ c) $\dfrac{8\sqrt{7}}{7}$ d) $\dfrac{6\sqrt{15}}{5}$

  e) $\dfrac{\sqrt{56}}{7}$ f) $\dfrac{14\sqrt{11}}{11}$

122 a) $\left(\dfrac{2}{3}\right)^7$ b) $\left(\dfrac{5}{3}\right)^{16}$ c) $\left(\dfrac{13}{4}\right)^{28}$ d) $\left(\dfrac{4}{3}\right)^{40}$ e) $\left(\dfrac{9}{5}\right)^6$ f) $\left(\dfrac{11}{2}\right)^{18}$

123 a) $\dfrac{2186}{81}$ b) $\dfrac{7}{216}$ c) $\dfrac{78124}{625}$ d) $\dfrac{3124}{125}$ e) $\dfrac{63}{16}$ f) $\dfrac{33}{4}$

124 a) 3^8 b) 7^{18} c) 2^5 d) 3^3 e) 5^{78} f) 5^{21}

125 a) $\sqrt[6]{5^2 \times 3^3}$ b) $\sqrt[18]{7^{19}}$ c) $\sqrt[9]{5^{12} \times 3^2}$ d) $\sqrt[21]{\dfrac{7^{18}}{3^{14}}}$

  e) $\sqrt[5]{7^2}$ f) $\sqrt[12]{3^7}$

126 a) 38 b) $7 + 2\sqrt{10}$ c) $15 - 2\sqrt{14}$ d) -30
  e) $58 + 8\sqrt{7}$ f) $15 - 2\sqrt{26}$

127 a) 11^4 b) 2^5 c) 3^{45} d) 2^{12} e) 2^{31} f) 2^{11}

128 a) 91 b) 633 c) 409 d) -593 e) 235 f) 641

129   **a)** $\sqrt[16]{13^{15}}$ **b)** $\sqrt[11]{19^8}$ **c)** $\sqrt{3}$ **d)** $\sqrt[9]{3^8}$ **e)** $\sqrt[9]{13^2}$ **f)** $\sqrt[15]{5^2}$

130   **a)** $\sqrt[3]{2^2}$ **b)** $\sqrt[9]{7^7}$ **c)** $\sqrt[6]{11^3 \times 5^2}$ **d)** $\sqrt[42]{\dfrac{3^{18}}{2^7}}$

       e) $\sqrt[15]{5^{13}}$ **f)** $\sqrt[6]{2^{13}}$

131   **a)** $-5\sqrt{3}$ **b)** $18\sqrt{2}$ **c)** $2\sqrt{5}$ **d)** $3\sqrt{3}$

       e) $-5\sqrt{3}$ **f)** $5\sqrt{5}$

132   **a)** $5 \cdot \sqrt[3]{2^2 \cdot 5^2}$ **b)** $\dfrac{1}{3 \cdot 7}\sqrt{\dfrac{1}{3 \cdot 7}}$ **c)** $\dfrac{2^3}{5} \cdot \sqrt[3]{\dfrac{1}{3^2 \cdot a}}$

       d) $\dfrac{3}{7^2} \cdot \sqrt{2 \cdot 3 \cdot 5}$ **e)** $7 \cdot \sqrt{\dfrac{1}{2}}$ **f)** $\dfrac{1}{3 \cdot 7}\sqrt{\dfrac{5}{3 \cdot 7}}$

133   **a)** $\left(\dfrac{4}{3}\right)^{14}$ **b)** $\left(\dfrac{3}{4}\right)^{36}$ **c)** $\left(\dfrac{3}{5}\right)^9$ **d)** $\left(\dfrac{2}{5}\right)^2$ **e)** $\left(\dfrac{7}{4}\right)^6$ **f)** $\left(\dfrac{4}{3}\right)^{18}$

134   **a)** 4   **b)** 12   **c)** 9   **d)** 3   **e)** 11
       f) 6

135   **a)** $22\sqrt[3]{3}$ **b)** $4\sqrt[3]{3}$ **c)** $-42\sqrt[3]{2}$ **d)** $-37\sqrt[3]{3}$

       e) $65\sqrt[3]{2}$ **f)** $-15\sqrt[3]{3}$

136   **a)** $\dfrac{\sqrt{15}}{3}$ **b)** $\dfrac{17\sqrt{11}}{11}$ **c)** $\dfrac{9\sqrt{21}}{7}$ **d)** $\dfrac{\sqrt{35}}{5}$

       e) $\dfrac{9\sqrt{11}}{11}$ **f)** $\dfrac{7\sqrt{65}}{13}$

137   **a)** *Integer root = 27. Remainder = 52*   **b)** *Integer root = 3. Remainder = 4*
       c) *Integer root = 9. Remainder = 9*   **d)** *Integer root = 3. Remainder = 3*
       e) *Integer root = 19. Remainder = 0*   **f)** *Integer root = 9. Remainder = 14*

138   **a)** 5   **b)** $59 + 4\sqrt{42}$ **c)** $29 - 4\sqrt{7}$ **d)** -2
       e) $11 + 4\sqrt{7}$ **f)** $49 - 12\sqrt{10}$

139   **a)** $26\sqrt[3]{3}$ **b)** $-34\sqrt[3]{3}$ **c)** $-5\sqrt[3]{2}$ **d)** $17\sqrt[3]{3}$

       e) $26\sqrt[3]{5}$ **f)** $3\sqrt[3]{5}$

140   **a)** -9 **b)** $11 + 2\sqrt{10}$ **c)** $20 - 6\sqrt{11}$ **d)** $12 - 2\sqrt{11}$
       e) $21 + 2\sqrt{110}$ **f)** $101 - 6\sqrt{22}$

141   a) 7   b) 9   c) 6   d) 3   e) 12
      f) 5

142   a) $\sqrt[6]{7^{13}}$ b) $\sqrt[12]{5^9 \times 7^8}$ c) $\sqrt[6]{\dfrac{7^3}{11^4}}$ d) $\sqrt[4]{5^{11}}$

      e) $\sqrt[36]{3^{19}}$ f) $\sqrt[6]{\dfrac{7^4}{3^3}}$

143   a) $\dfrac{8\sqrt[7]{31^4}}{31}$ b) $\dfrac{27\sqrt[5]{19^4}}{19}$ c) $\dfrac{26\sqrt[8]{21^3}}{7}$ d) $\dfrac{18\sqrt[3]{13^2}}{13}$

      e) $\dfrac{39\sqrt[7]{37}}{37}$ f) $\dfrac{3\sqrt[5]{13^3}}{13}$

144   a) $\left(\dfrac{3}{2}\right)^8$ b) $\left(\dfrac{3}{5}\right)^{37}$ c) $\left(\dfrac{6}{5}\right)^6$ d) $\left(\dfrac{2}{3}\right)^8$ e) $\left(\dfrac{3}{2}\right)^6$ f) $\left(\dfrac{2}{3}\right)^{31}$

145   a) $\dfrac{19\sqrt{11}}{11}$ b) $\dfrac{5\sqrt{14}}{7}$ c) $\dfrac{\sqrt{21}}{3}$ d) $\dfrac{6\sqrt{11}}{11}$

      e) $\dfrac{\sqrt{21}}{7}$ f) $\dfrac{\sqrt{104}}{13}$

146   a) $\dfrac{9 + 3\sqrt{2}}{7}$ b) $\dfrac{-7\sqrt{11} + 49}{38}$ c) $\dfrac{-9\sqrt{21} - 45}{2}$ d) $\dfrac{33 + 4\sqrt{33}}{17}$

      e) $-4\sqrt{15} + 16$ f) $\dfrac{16\sqrt{35} + 64}{19}$

147   a) $\left(\dfrac{3}{4}\right)^{14}$ b) $\left(\dfrac{3}{4}\right)^{10}$ c) $\left(\dfrac{2}{3}\right)^{18}$ d) $\left(\dfrac{2}{9}\right)^{16}$ e) $\left(\dfrac{4}{3}\right)^{31}$ f) $\left(\dfrac{4}{3}\right)^{31}$

148   a) *Integer root = 230. Remainder = 447*   b) *Integer root = 304. Remainder = 393*
      c) *Integer root = 869. Remainder = 575*   d) *Integer root = 97. Remainder = 190*
      e) *Integer root = 117. Remainder = 81*   f) *Integer root = 215. Remainder = 311*

149   a) $\dfrac{78124}{625}$ b) $\dfrac{4}{81}$ c) $\dfrac{33}{4}$ d) $\dfrac{26}{625}$ e) $\dfrac{1023}{64}$ f) $\dfrac{31}{8}$

150   a) $-10\sqrt{5}$ b) $12\sqrt{7}$ c) $25\sqrt{2}$ d) $8\sqrt{5}$

      e) $-48\sqrt{5}$ f) $7\sqrt{2}$

151 a) $2^3 \cdot 3 \cdot 7 \cdot \sqrt{3 \cdot 5 \cdot 7}$ b) $2 \cdot \sqrt{\dfrac{1}{7}}$ c) $2 \cdot a^3 \cdot \sqrt{2 \cdot 5}$

d) $2 \cdot 3 \cdot 7^2 \cdot \sqrt{2 \cdot 3 \cdot 7}$ e) $3^3 \cdot 7^3 \cdot \sqrt{2 \cdot 3 \cdot 7}$ f) $7 \cdot \sqrt{2 \cdot 5}$

152 a) *Integer root = 30. Remainder = 6* b) *Integer root = 6. Remainder = 8*
c) *Integer root = 30. Remainder = 45* d) *Integer root = 28. Remainder = 13*
e) *Integer root = 23. Remainder = 5* f) *Integer root = 9. Remainder = 4*

153 a) 1 b) $\left(\dfrac{2}{3}\right)^{14}$ c) $\left(\dfrac{3}{4}\right)^{9}$ d) $\left(\dfrac{3}{4}\right)^{4}$ e) $\left(\dfrac{4}{5}\right)^{2}$ f) $\left(\dfrac{5}{3}\right)^{3}$

154 a) 89 b) 229 c) 145 d) 593 e) -109 f) 179

155 a) $\left(\dfrac{2}{3}\right)^{15}$ b) $\left(\dfrac{3}{4}\right)^{36}$ c) $\left(\dfrac{2}{3}\right)^{6}$ d) $\left(\dfrac{3}{4}\right)^{6}$ e) $\left(\dfrac{4}{3}\right)^{69}$ f) $\left(\dfrac{2}{3}\right)^{17}$

156 a) $-16\sqrt[3]{5}$ b) $8\sqrt[3]{3}$ c) $14\sqrt[3]{2}$ d) 0

e) $23\sqrt[3]{3}$ f) $6\sqrt[3]{3}$

157 a) 12 b) 4 c) 2 d) 10 e) 7
f) 6

158 a) $\left(\dfrac{2}{3}\right)^{18}$ b) $\left(\dfrac{4}{3}\right)^{18}$ c) $\left(\dfrac{5}{3}\right)^{7}$ d) $\left(\dfrac{4}{3}\right)^{33}$ e) $\left(\dfrac{5}{3}\right)^{11}$ f) $\left(\dfrac{4}{5}\right)^{3}$

159 a) 9 b) 8 c) 2 d) 4 e) 5
f) 10

160 a) $-16\sqrt{2}+24$ b) $\dfrac{-18\sqrt{13}+108}{23}$ c) $\dfrac{-23-6\sqrt{23}}{13}$ d) $\dfrac{9\sqrt{14}-27}{5}$

e) $\dfrac{\sqrt{3}+1}{6}$ f) $\dfrac{29+5\sqrt{29}}{4}$

161 a) 5 b) 641 c) 561 d) 706 e) -184 f) 162

162 a) 9 b) 8 c) 11 d) 6 e) 3
f) 5

163 a) 11 b) 6 c) 5 d) 10 e) 3
f) 7

164 a) 3 b) 6 c) 10 d) 5 e) 8
f) 9

165 a) 12 b) 7 c) 9 d) 2 e) 4
f) 11

166 a) 11 b) 3 c) 12 d) 6 e) 2
f) 10

167   a) 3^{13} b) 3^{36} c) 3^{31} d) 3^{14} e) 2^3 f) 3^{51}

168   a) $\left(\dfrac{2}{3}\right)^{12}$ b) $\left(\dfrac{3}{4}\right)^3$ c) 1   d) $\left(\dfrac{7}{4}\right)^3$ e) $\left(\dfrac{5}{3}\right)^{90}$ f) $\left(\dfrac{4}{3}\right)^{22}$

169   a) 3^{26} b) 3^{32} c) 2^{28} d) 5^{26} e) 5^{16} f) 3^{20}

170   a) 3   b) 7   c) 10   d) 4   e) 8
f) 5

171   a) $5^{1/2}$ b) $11^{1/3}$ c) $3^{4/11}$ d) $13^{7/17}$ e) $11^{13/17}$ f) $17^{1/10}$

172   a) $\dfrac{17\sqrt{6}}{3}$ b) $\dfrac{\sqrt{35}}{7}$ c) $\dfrac{10\sqrt{3}}{3}$ d) $\dfrac{17\sqrt{39}}{13}$

   e) $\dfrac{\sqrt{143}}{13}$ f) $\dfrac{7\sqrt{3}}{3}$

173   a) $\left(\dfrac{4}{3}\right)^{20}$ b) $\left(\dfrac{3}{5}\right)^{15}$ c) $\left(\dfrac{3}{2}\right)^{20}$ d) $\left(\dfrac{3}{4}\right)^{22}$ e) $\left(\dfrac{4}{3}\right)^{15}$ f) $\left(\dfrac{3}{4}\right)^2$

174   a) $22\sqrt{7}$ b) $14\sqrt{3}$ c) $23\sqrt{5}$ d) $-27\sqrt{3}$

   e) $13\sqrt{7}$ f) $-26\sqrt{3}$

175   a) 63   b) 368   c) 499   d) 127   e) 544   f) 73

176   a) $\dfrac{5\cdot7}{3}\cdot\sqrt[3]{\dfrac{5}{2^2}}$ b) $\dfrac{1}{3^2}\cdot\sqrt[3]{2\cdot7^2}$ c) $3\cdot7\cdot\sqrt[3]{\dfrac{1}{2^2\cdot5}}$

   d) $2\cdot3\cdot\sqrt[3]{2^2\cdot3^2}$ e) $3\cdot\sqrt[4]{\dfrac{2^2}{b}}$ f) $\dfrac{1}{3}\cdot\sqrt{5\cdot7}$

177   a) 3^{29} b) 11^9 c) 5^{15} d) 5^{23} e) 2^{17} f) 5^{21}

178   a) 7   b) 11   c) 8   d) 6   e) 9
f) 3

179   a) 10   b) 5   c) 4   d) 11   e) 8
f) 6

180   a) 129   b) 106   c) 206   d) -44 e) 232   f) -184

181   a) $2\cdot5^3\cdot\sqrt{7}$ b) $2\cdot b^3\cdot\sqrt{3}$ c) $2^3\cdot3\cdot\sqrt[3]{\dfrac{2\cdot3^2\cdot5}{a}}$

   d) $2^2\cdot3\cdot\sqrt{2\cdot3\cdot5}$ e) $2^3\cdot a^3\cdot\sqrt[4]{2\cdot3^2\cdot a^3}$ f) $2^2\cdot3\cdot5\cdot\sqrt[4]{7}$

182 **a)** 5 **b)** 6 **c)** 8 **d)** 10 **e)** 2
f) 3

183 **a)** 3^{18} **b)** 2^{26} **c)** 3^{37} **d)** 3^{10} **e)** 2^9 **f)** 2^{28}

184 **a)** $-43\sqrt{5}$ **b)** $11\sqrt{5}$ **c)** $25\sqrt{2}$ **d)** $-16\sqrt{7}$

e) $-13\sqrt{2}$ **f)** $20\sqrt{7}$

185 **a)** 1 **b)** $\left(\dfrac{3}{4}\right)^{51}$ **c)** $\left(\dfrac{2}{5}\right)^{23}$ **d)** $\left(\dfrac{4}{3}\right)^{9}$ **e)** $\left(\dfrac{3}{2}\right)^{11}$ **f)** $\left(\dfrac{4}{3}\right)^{72}$

186 **a)** -14 **b)** $62 + 4\sqrt{130}$ **c)** $9 - 4\sqrt{5}$ **d)** -74
e) $148 + 42\sqrt{11}$ **f)** $12 - 2\sqrt{11}$

187 **a)** *Integer root = 7. Remainder = 3* **b)** *Integer root = 8. Remainder = 10*
c) *Integer root = 29. Remainder = 38* **d)** *Integer root = 9. Remainder = 17*
e) *Integer root = 9. Remainder = 0* **f)** *Integer root = 8. Remainder = 8*

188 **a)** *Integer root = 7. Remainder = 11* **b)** *Integer root = 9. Remainder = 6*
c) *Integer root = 6. Remainder = 0* **d)** *Integer root = 8. Remainder = 10*
e) *Integer root = 9. Remainder = 0* **f)** *Integer root = 6. Remainder = 4*

189 **a)** $-28\sqrt[3]{5}$ **b)** $26\sqrt[3]{7}$ **c)** $-64\sqrt[3]{5}$ **d)** $8\sqrt[3]{2}$

e) $-19\sqrt[3]{3}$ **f)** $7\sqrt[3]{2}$

190 **a)** $\sqrt[6]{2^{13}}$ **b)** $\sqrt[21]{3^{10}}$ **c)** $\sqrt[32]{5^3}$ **d)** $\sqrt[21]{3^2}$

e) $\sqrt[14]{3^9}$ **f)** $\sqrt[8]{5^{27}}$

191 **a)** $3^{1/3}$ **b)** $13^{8/11}$ **c)** $17^{2/15}$ **d)** $17^{1/3}$ **e)** $13^{1/3}$ **f)** $7^{15/17}$

192 **a)** *Integer root = 6. Remainder = 3* **b)** *Integer root = 26. Remainder = 51*
c) *Integer root = 30. Remainder = 20* **d)** *Integer root = 14. Remainder = 28*
e) *Integer root = 8. Remainder = 7* **f)** *Integer root = 6. Remainder = 12*

193 **a)** $3 + \sqrt{6}$ **b)** $\dfrac{-7\sqrt{7} + 28}{18}$ **c)** $\dfrac{4\sqrt{42} + 8}{19}$ **d)** $\dfrac{34 + 3\sqrt{34}}{25}$

e) $\dfrac{-7\sqrt{6} + 56}{58}$ **f)** $3\sqrt{42} + 18$

194 **a)** $\sqrt[11]{17^6}$ **b)** $\sqrt[11]{2^3}$ **c)** $\sqrt{11}$ **d)** $\sqrt[3]{7}$ **e)** $\sqrt[15]{11^8}$ **f)** $\sqrt[10]{19^9}$

195 **a)** $\dfrac{2186}{243}$ **b)** $\dfrac{4}{27}$ **c)** $\dfrac{31}{8}$ **d)** $\dfrac{513}{16}$ **e)** $\dfrac{3124}{125}$ **f)** $\dfrac{728}{81}$

196 **a)** $13^{4/17}$ **b)** $13^{1/2}$ **c)** $13^{1/15}$ **d)** $17^{3/10}$ **e)** $3^{1/17}$ **f)** $11^{3/13}$

197 a) $\left(\dfrac{5}{3}\right)^3$ b) $\left(\dfrac{2}{3}\right)^4$ c) $\left(\dfrac{3}{2}\right)^2$ d) $\left(\dfrac{3}{4}\right)^{12}$ e) $\left(\dfrac{3}{4}\right)^{72}$ f) $\left(\dfrac{3}{2}\right)^6$

198 a) 2 b) 11 c) 9 d) 6 e) 7
f) 3

199 a) $\sqrt[14]{7^{13}}$ b) $\sqrt[17]{11^6}$ c) $\sqrt[11]{17^6}$ d) $\sqrt[11]{5^4}$ e) $\sqrt{13}$ f) $\sqrt[11]{3^{10}}$

200 a) *Integer root = 4. Remainder = 2* b) *Integer root = 21. Remainder = 0*
c) *Integer root = 8. Remainder = 16* d) *Integer root = 27. Remainder = 36*
e) *Integer root = 22. Remainder = 30* f) *Integer root = 28. Remainder = 36*

201 a) 6 b) 5 c) 10 d) 3 e) 12
f) 9

202 a) *Integer root = 302. Remainder = 229* b) *Integer root = 440. Remainder = 731*
c) *Integer root = 99. Remainder = 82* d) *Integer root = 192. Remainder = 68*
e) *Integer root = 60. Remainder = 66* f) *Integer root = 64. Remainder = 99*

203 a) $8\sqrt{7}$ b) $29\sqrt{3}$ c) $-12\sqrt{3}$ d) $-7\sqrt{7}$

e) $-19\sqrt{5}$ f) $19\sqrt{3}$

204 a) *Integer root = 21. Remainder = 42* b) *Integer root = 28. Remainder = 6*
c) *Integer root = 6. Remainder = 0* d) *Integer root = 6. Remainder = 4*
e) *Integer root = 9. Remainder = 0* f) *Integer root = 26. Remainder = 46*

205 a) $17^{5/17}$ b) $3^{16/17}$ c) $3^{15/17}$ d) $13^{2/5}$ e) $17^{6/7}$ f) $11^{3/4}$

206 a) 1137 b) 368 c) 152 d) 657 e) −311 f) 576

207 a) *Integer root = 23. Remainder = 11* b) *Integer root = 8. Remainder = 15*
c) *Integer root = 7. Remainder = 0* d) *Integer root = 5. Remainder = 10*
e) *Integer root = 29. Remainder = 0* f) *Integer root = 25. Remainder = 29*

208 a) $-10\sqrt{3}$ b) $12\sqrt{5}$ c) $15\sqrt{5}$ d) $28\sqrt{2}$

e) 0 f) $-10\sqrt{3}$

209 a) $11\sqrt{2}$ b) $10\sqrt{3}$ c) $7\sqrt{2}$ d) $-8\sqrt{3}$

e) $4\sqrt{7}$ f) $2\sqrt{5}$

210 a) *Integer root = 791. Remainder = 324* b) *Integer root = 861. Remainder = 415*
c) *Integer root = 97. Remainder = 78* d) *Integer root = 84. Remainder = 118*
e) *Integer root = 975. Remainder = 1528* f) *Integer root = 96. Remainder = 188*

211 a) $\left(\dfrac{3}{4}\right)^9$ b) $\left(\dfrac{4}{3}\right)^{87}$ c) $\left(\dfrac{3}{4}\right)^{15}$ d) $\dfrac{3}{5}$ e) $\left(\dfrac{3}{4}\right)^{12}$ f) $\left(\dfrac{3}{5}\right)^{22}$

212 **a)** *Integer root = 274. Remainder = 490* **b)** *Integer root = 707. Remainder = 1040*
c) *Integer root = 279. Remainder = 0* **d)** *Integer root = 88. Remainder = 27*
e) *Integer root = 445. Remainder = 214* **f)** *Integer root = 70. Remainder = 129*

213 **a)** $\dfrac{\sqrt{39}}{13}$ **b)** $\dfrac{19\sqrt{13}}{13}$ **c)** $\dfrac{3\sqrt{14}}{7}$ **d)** $\dfrac{\sqrt{156}}{13}$

e) $\dfrac{3\sqrt{7}}{7}$ **f)** $\dfrac{12\sqrt{26}}{13}$

214 **a)** $\dfrac{5}{2}\cdot\sqrt[5]{\dfrac{3^2\cdot 5^3\cdot a^4}{2^4}}$ **b)** $\dfrac{1}{3}\cdot\sqrt{5\cdot 7}$ **c)** $\dfrac{2}{3}\cdot\sqrt[5]{2^3\cdot 5^3}$

d) $\dfrac{5\cdot a}{2}\cdot\sqrt[5]{\dfrac{5\cdot a^2}{2^3}}$ **e)** $2^2\cdot 3\cdot 7\cdot\sqrt{\dfrac{3}{5}}$ **f)** $5\cdot\sqrt[3]{2\cdot 5^2}$

215 **a)** $\sqrt[9]{5^4}$ **b)** $\sqrt[21]{3^2}$ **c)** $\sqrt[4]{3^7}$ **d)** $\sqrt[21]{5^{56}\times 2^9}$

e) $\sqrt[4]{\dfrac{3^6}{2^3}}$ **f)** $\sqrt[8]{17^{11}}$

216 **a)** *Integer root = 85. Remainder = 71* **b)** *Integer root = 153. Remainder = 295*
c) *Integer root = 290. Remainder = 258* **d)** *Integer root = 312. Remainder = 12*
e) *Integer root = 141. Remainder = 0* **f)** *Integer root = 263. Remainder = 158*

217 **a)** $2\cdot 5^3\cdot\sqrt[4]{5\cdot 7^2}$ **b)** $\dfrac{b\cdot a}{v}\cdot\sqrt{\dfrac{b}{v}}$ **c)** $\dfrac{2}{3^2}\cdot\sqrt{2\cdot 7}$

d) $7\cdot\sqrt[3]{2\cdot 3\cdot 5^2\cdot 7^2}$ **e)** $2\cdot a^2\cdot\sqrt{2}$ **f)** $\dfrac{1}{2\cdot 5}\cdot\sqrt{\dfrac{3}{2\cdot 5\cdot 7}}$

218 **a)** 3^{48} **b)** 2^{27} **c)** 3^{12} **d)** 3^{17} **e)** 2^7 **f)** 5^{35}

219 **a)** $\sqrt[3]{11}$ **b)** $\sqrt[8]{13^3}$ **c)** $\sqrt[13]{11^5}$ **d)** $\sqrt[3]{5}$ **e)** $\sqrt[13]{2^{11}}$ **f)** $\sqrt[10]{3}$

220 **a)** $\dfrac{23\sqrt[5]{14^2}}{7}$ **b)** $\dfrac{25\sqrt[6]{37}}{37}$ **c)** $\dfrac{20\sqrt[4]{69^3}}{23}$ **d)** $\dfrac{16\sqrt[9]{29^2}}{29}$

e) $\dfrac{3\sqrt[3]{22^2}}{11}$ **f)** $\dfrac{14\sqrt[5]{23^3}}{23}$

221 **a)** $15-2\sqrt{14}$ **b)** -1 **c)** $57+24\sqrt{3}$ **d)** $21-2\sqrt{110}$
e) -17 **f)** $4+2\sqrt{3}$

222 a) $\sqrt[6]{2^{11}}$ b) $\sqrt[12]{3}$ c) $\sqrt[6]{3^{13}}$ d) $\sqrt[3]{2^2}$

e) $\sqrt[3]{5}$ f) $\sqrt[18]{5^{31}}$

223 a) $\left(\dfrac{3}{5}\right)^{22}$ b) $\left(\dfrac{3}{7}\right)^{36}$ c) $\left(\dfrac{4}{7}\right)^{13}$ d) $\left(\dfrac{3}{2}\right)^{34}$ e) $\left(\dfrac{2}{5}\right)^{38}$ f) $\left(\dfrac{4}{3}\right)^{14}$

224 a) 3^{47} b) 3^{33} c) 3^{21} d) 3^{12} e) 3^{16} f) 3^{38}

225 a) $41 - 4\sqrt{10}$ b) 6 c) $62 + 14\sqrt{13}$ d) $16 - 4\sqrt{7}$
e) 9 f) $16 + 2\sqrt{15}$

226 a) 65 b) 247 c) 207 d) 381 e) 27 f) -32

227 a) *Integer root = 21. Remainder = 2* b) *Integer root = 7. Remainder = 3*
c) *Integer root = 9. Remainder = 9* d) *Integer root = 7. Remainder = 0*
e) *Integer root = 28. Remainder = 27* f) *Integer root = 5. Remainder = 5*

228 a) *Integer root = 150. Remainder = 15* b) *Integer root = 567. Remainder = 1036*
c) *Integer root = 147. Remainder = 172* d) *Integer root = 268. Remainder = 414*
e) *Integer root = 766. Remainder = 875* f) *Integer root = 475. Remainder = 0*

229 a) $22 + 8\sqrt{6}$ b) $53 - 4\sqrt{13}$ c) 12 d) $11 + 2\sqrt{10}$
e) $50 - 12\sqrt{14}$ f) 53

230 a) 10 b) 11 c) 3 d) 2 e) 6
f) 4

231 a) *Integer root = 411. Remainder = 460* b) *Integer root = 139. Remainder = 0*
c) *Integer root = 210. Remainder = 356* d) *Integer root = 308. Remainder = 35*
e) *Integer root = 72. Remainder = 95* f) *Integer root = 744. Remainder = 586*

232 a) *Integer root = 281. Remainder = 441* b) *Integer root = 132. Remainder = 0*
c) *Integer root = 246. Remainder = 290* d) *Integer root = 68. Remainder = 0*
e) *Integer root = 52. Remainder = 7* f) *Integer root = 185. Remainder = 242*

233 a) 87 b) $11 + 2\sqrt{10}$ c) $25 - 2\sqrt{154}$ d) 13
e) $11 + 6\sqrt{2}$ f) $4 - 2\sqrt{3}$

234 a) $3\sqrt{7}$ b) $14\sqrt{7}$ c) $-13\sqrt{7}$ d) $2\sqrt{7}$

e) $-21\sqrt{3}$ f) $45\sqrt{2}$

235 a) 2^{54} b) 5^{35} c) 1 d) 3^2 e) 2^{60} f) 2^{18}

236 a) $17^{5/14}$ b) $11^{9/11}$ c) $13^{6/7}$ d) $7^{1/2}$ e) $17^{1/2}$ f) $19^{11/16}$

237 a) 476 b) 409 c) 598 d) 561 e) -152 f) 113

238 a) *Integer root = 107. Remainder = 67* b) *Integer root = 869. Remainder = 1116*
c) *Integer root = 208. Remainder = 49* d) *Integer root = 301. Remainder = 382*
e) *Integer root = 217. Remainder = 241* f) *Integer root = 80. Remainder = 100*

239 a) $\sqrt[20]{3^{13}}$ b) $\sqrt[3]{3}$ c) $\sqrt[12]{5^9 \times 3^4}$ d) $\sqrt[15]{\dfrac{7^5}{3^9}}$

e) $\sqrt[4]{7^7}$ f) $\sqrt[24]{3^{25}}$

240 a) $66 - 4\sqrt{182}$ b) 26 c) $73 + 4\sqrt{195}$ d) $11 - 6\sqrt{2}$

e) 8 f) $139 + 80\sqrt{3}$

241 a) $22 + 12\sqrt{2}$ b) $47 - 12\sqrt{11}$ c) 34 d) $24 + 6\sqrt{15}$

e) $16 - 6\sqrt{7}$ f) -1

242 a) 37 b) 768 c) 40 d) 59 e) -184 f) 674

243 a) $\dfrac{\sqrt{30}}{3}$ b) $\dfrac{7\sqrt{3}}{3}$ c) $\dfrac{14\sqrt{33}}{11}$ d) $\dfrac{\sqrt{104}}{13}$

e) $\dfrac{20\sqrt{3}}{3}$ f) $\dfrac{5\sqrt{33}}{11}$

244 a) $2^{7/11}$ b) $7^{3/7}$ c) $19^{1/9}$ d) $11^{9/14}$ e) $17^{2/9}$ f) $2^{4/11}$

245 a) $\dfrac{1}{2\cdot 3}\cdot\sqrt[4]{\dfrac{7^2}{2}}$ b) $\dfrac{7^2}{2}\cdot\sqrt[5]{3^3\cdot 5^2\cdot 7^2}$ c) $\dfrac{b^2}{2}\cdot\sqrt{\dfrac{c\cdot b}{2\cdot a}}$

d) $\dfrac{2^2}{7}\cdot\sqrt{2}$ e) $2\cdot 5^3\cdot 7^3\cdot\sqrt[4]{3^3}$ f) $\dfrac{5^3}{2}\cdot\sqrt[5]{5^2}$

246 a) $19^{3/5}$ b) $7^{4/5}$ c) $5^{1/2}$ d) $13^{8/13}$ e) $11^{1/8}$ f) $3^{1/3}$

247 a) $17^{1/3}$ b) $5^{11/17}$ c) $17^{9/11}$ d) $7^{1/2}$ e) $13^{1/3}$ f) $5^{11/16}$

248 a) $5^{1/2}$ b) $11^{6/13}$ c) $3^{1/16}$ d) $5^{11/14}$ e) $5^{1/3}$ f) $5^{3/8}$

249 a) $\sqrt[17]{2^4}$ b) $\sqrt[17]{11^9}$ c) $\sqrt[17]{7^{11}}$ d) $\sqrt[7]{3^6}$ e) $\sqrt[11]{7^{10}}$ f) $\sqrt[18]{2}$

250 a) $\sqrt[4]{7^3}$ b) $\sqrt[15]{5^{13}}$ c) $\sqrt[15]{13^7}$ d) $\sqrt[9]{11^8}$ e) $\sqrt{3}$ f) $\sqrt[5]{3^2}$

251 a) 2^{25} b) 2^{15} c) 3^6 d) 2^{46} e) 2^{27} f) 3^{15}

252 a) $2^2\cdot 5\cdot 7\cdot\sqrt[3]{2^2\cdot 7^2}$ b) $2\cdot b\cdot a\cdot\sqrt{2\cdot c}$ c) $2\cdot 3\cdot a\cdot\sqrt[4]{2^2\cdot 3^3}$

d) $2\cdot 3\cdot\sqrt{\dfrac{2\cdot 3}{5}}$ e) $b\cdot a\cdot\sqrt{2}$ f) $\dfrac{7^3}{5}\cdot\sqrt{\dfrac{1}{2}}$

253 a) $\left(\dfrac{3}{5}\right)^{28}$ b) $\left(\dfrac{4}{3}\right)^{10}$ c) $\left(\dfrac{3}{5}\right)^{27}$ d) $\left(\dfrac{3}{4}\right)^{5}$ e) $\left(\dfrac{2}{5}\right)^{5}$ f) $\left(\dfrac{5}{4}\right)^{14}$

254 **a)** *Integer root = 9. Remainder = 16*   **b)** *Integer root = 13. Remainder = 14*

c) *Integer root = 8. Remainder = 15*   **d)** *Integer root = 3. Remainder = 4*

e) *Integer root = 21. Remainder = 0*   **f)** *Integer root = 4. Remainder = 3*

255 **a)** $\dfrac{9\sqrt[7]{46^6}}{23}$ **b)** $\dfrac{17\sqrt[8]{74}}{37}$ **c)** $\dfrac{20\sqrt[8]{37^5}}{37}$ **d)** $\dfrac{13\sqrt[8]{68}}{17}$

e) $\dfrac{29\sqrt[4]{51^3}}{17}$ **f)** $\dfrac{22\sqrt[5]{19^2}}{19}$

256 **a)** $\dfrac{78126}{125}$ **b)** $\dfrac{2186}{81}$ **c)** $\dfrac{244}{9}$ **d)** $\dfrac{32767}{512}$ **e)** $\dfrac{7775}{216}$ **f)** $\dfrac{5}{256}$

257 **a)** $20\sqrt{7}$ **b)** $-7\sqrt{3}$ **c)** $34\sqrt{5}$ **d)** $-3\sqrt{5}$

e) $22\sqrt{3}$ **f)** $23\sqrt{5}$

258 **a)** $\sqrt[12]{3^{13}}$ **b)** $\sqrt[6]{3}$ **c)** $\sqrt[6]{3^{11}}$ **d)** $\sqrt[15]{5^{20} \times 17^3}$

e) $\sqrt[6]{\dfrac{7^3}{5^4}}$ **f)** $\sqrt[6]{7^{13}}$

259 **a)** $7^{1/3}$ **b)** $2^{3/5}$ **c)** $11^{9/13}$ **d)** $11^{3/11}$ **e)** $3^{1/3}$ **f)** $11^{14/17}$

260 **a)** $10\sqrt[3]{3}$ **b)** $-9\sqrt[3]{3}$ **c)** $-25\sqrt[3]{3}$ **d)** $-33\sqrt[3]{3}$

e) $-10\sqrt[3]{7}$ **f)** $-25\sqrt[3]{3}$

261 **a)** $\dfrac{\sqrt{91}}{7}$ **b)** $\dfrac{2\sqrt{11}}{11}$ **c)** $\dfrac{9\sqrt{33}}{11}$ **d)** $\dfrac{\sqrt{15}}{3}$

e) $\dfrac{7\sqrt{3}}{3}$ **f)** $\dfrac{15\sqrt{21}}{7}$

262 **a)** $\sqrt{13}$ **b)** $\sqrt[9]{3^7}$ **c)** $\sqrt[11]{7^2}$ **d)** $\sqrt{5}$ **e)** $\sqrt[6]{19^5}$ **f)** $\sqrt{11}$

263 **a)** $\dfrac{-\sqrt{29}-7}{2}$ **b)** $\dfrac{-3-5\sqrt{3}}{22}$ **c)** $\dfrac{\sqrt{30}+2}{13}$ **d)** $\dfrac{5\sqrt{17}+15}{8}$

e) $\dfrac{3+\sqrt{3}}{2}$ **f)** $\dfrac{7\sqrt{10}-21}{2}$

264 **a)** $\sqrt[6]{13}$ **b)** $\sqrt[17]{11^5}$ **c)** $\sqrt[3]{7}$ **d)** $\sqrt[14]{3^9}$ **e)** $\sqrt[17]{13^{10}}$ **f)** $\sqrt[9]{5^4}$

265   a) $\dfrac{6\sqrt{11}}{11}$ b) $\dfrac{10\sqrt{21}}{7}$ c) $\dfrac{\sqrt{33}}{3}$ d) $\dfrac{18\sqrt{13}}{13}$

e) $\dfrac{14\sqrt{33}}{11}$ f) $\dfrac{\sqrt{133}}{7}$

266   a) $3\cdot7\cdot\sqrt[4]{\dfrac{3^2\cdot7}{5^3}}$ b) $7\cdot\sqrt{2\cdot3\cdot7}$ c) $\dfrac{1}{3^2\cdot5}\cdot\sqrt{7}$

d) $\dfrac{5}{3\cdot a}\cdot\sqrt{5}$ e) $2\cdot3^3\cdot5\cdot\sqrt[4]{2^3\cdot a^2}$ f) $3\cdot\sqrt{\dfrac{1}{5}}$

267   a) *Integer root = 29. Remainder = 54*   b) *Integer root = 11. Remainder = 20*
c) *Integer root = 21. Remainder = 0*   d) *Integer root = 7. Remainder = 12*
e) *Integer root = 8. Remainder = 1*   f) *Integer root = 8. Remainder = 9*

268   a) 3^8 b) 5^{21} c) 3^{14} d) 11^{11} e) 3^{16} f) 5^{16}

269   a) $\dfrac{16806}{343}$ b) $\dfrac{3}{8}$ c) $\dfrac{7777}{36}$ d) $\dfrac{16383}{256}$ e) $\dfrac{78124}{625}$ f) $\dfrac{129}{8}$

270   a) 134   b) 31   c) 0   d) 73   e) 41   f) 113

271   a) $5^{1/18}$ b) $5^{15/17}$ c) $19^{9/13}$ d) $19^{1/14}$ e) $19^{2/17}$ f) $7^{1/3}$

272   a) $\dfrac{242}{27}$ b) $\dfrac{78126}{125}$ c) $\dfrac{127}{16}$ d) $\dfrac{16383}{256}$ e) $\dfrac{15626}{25}$ f) $\dfrac{7775}{216}$

273   a) 1   b) 2^{34} c) 3^{20} d) 1   e) 1   f) 3^{112}

274   a) $5^{1/2}$ b) $7^{1/10}$ c) $17^{10/11}$ d) $2^{1/8}$ e) $13^{2/7}$ f) $13^{4/17}$

275   a) $\sqrt{11}$ b) $\sqrt[5]{5^3}$ c) $\sqrt[9]{7^5}$ d) $\sqrt[3]{13^2}$ e) $\sqrt[6]{17^5}$ f) $\sqrt[16]{17^7}$

276   a) $\dfrac{242}{27}$ b) $\dfrac{3124}{125}$ c) $\dfrac{1023}{64}$ d) $\dfrac{16383}{256}$ e) $\dfrac{2186}{243}$ f) $\dfrac{7775}{216}$

277   a) $\sqrt[3]{7^2}$ b) $\sqrt[14]{2^{13}}$ c) $\sqrt[3]{13}$ d) $\sqrt[6]{7}$ e) $\sqrt[10]{19^9}$ f) $\sqrt[7]{11^2}$

278   a) $\sqrt[12]{13^{11}}$ b) $\sqrt[18]{11^5}$ c) $\sqrt{5}$ d) $\sqrt[17]{11^7}$ e) $\sqrt[3]{7}$ f) $\sqrt[9]{13^7}$

279   a) $\sqrt[17]{7^3}$ b) $\sqrt[8]{3^5}$ c) $\sqrt[12]{2^{11}}$ d) $\sqrt[14]{17^3}$ e) $\sqrt[3]{17}$ f) $\sqrt[11]{5^7}$

280   a) 2^{27} b) 3^{25} c) 3^{19} d) 2^{35} e) 13^{36} f) 3^{20}

281   a) $\dfrac{7}{216}$ b) $\dfrac{1023}{64}$ c) $\dfrac{3124}{125}$ d) $\dfrac{4}{81}$ e) $\dfrac{32769}{64}$ f) $\dfrac{5}{64}$

282   a) $\left(\dfrac{3}{4}\right)^{15}$ b) $\left(\dfrac{4}{5}\right)^{8}$ c) $\left(\dfrac{6}{5}\right)^{28}$ d) $\left(\dfrac{5}{4}\right)^{7}$ e) $\left(\dfrac{8}{3}\right)^{12}$ f) $\left(\dfrac{3}{8}\right)^{13}$

283 **a)** $13^{11/13}$ **b)** $3^{4/15}$ **c)** $2^{13/17}$ **d)** $3^{2/7}$ **e)** $13^{11/14}$ **f)** $7^{1/3}$

284 **a)** *Integer root = 5. Remainder = 10*   **b)** *Integer root = 23. Remainder = 2*
c) *Integer root = 6. Remainder = 2*   **d)** *Integer root = 22. Remainder = 1*
e) *Integer root = 12. Remainder = 1*   **f)** *Integer root = 9. Remainder = 13*

285 **a)** 5   **b)** 2   **c)** 9   **d)** 11   **e)** 10
f) 7

286 **a)** $\sqrt[4]{13^7}$ **b)** $\sqrt[9]{7^{15} \times 3^2}$ **c)** $\sqrt[6]{\dfrac{5^4}{3^3}}$ **d)** $\sqrt[35]{3^{31}}$

e) $\sqrt[12]{17^{19}}$ **f)** $\sqrt[12]{19^7}$

287 **a)** $\dfrac{2^2}{7} \cdot \sqrt[3]{\dfrac{2 \cdot 3^2 \cdot 5^2}{7^2}}$ **b)** $\dfrac{1}{7^3} \cdot \sqrt{\dfrac{3}{5}}$ **c)** $\dfrac{1}{7} \cdot \sqrt{\dfrac{1}{3}}$

d) $3 \cdot 5 \cdot \sqrt[3]{2 \cdot 3^2 \cdot 5^2}$ **e)** $2 \cdot 3 \cdot 5 \cdot 7 \cdot \sqrt{5 \cdot 7}$ **f)** $2 \cdot 3 \cdot 7^2 \cdot \sqrt{5 \cdot 7}$

288 **a)** $\dfrac{3}{5}$ **b)** $\left(\dfrac{3}{4}\right)^{13}$ **c)** $\left(\dfrac{4}{3}\right)^{35}$ **d)** $\left(\dfrac{4}{3}\right)^{22}$ **e)** $\left(\dfrac{3}{5}\right)^{12}$ **f)** $\left(\dfrac{5}{4}\right)^{4}$

289 **a)** $\dfrac{242}{27}$ **b)** $\dfrac{15626}{25}$ **c)** $\dfrac{6560}{243}$ **d)** $\dfrac{2186}{81}$ **e)** $\dfrac{32767}{512}$ **f)** $\dfrac{730}{9}$

290 **a)** $\dfrac{\sqrt{26}}{13}$ **b)** $\dfrac{12\sqrt{5}}{5}$ **c)** $\dfrac{19\sqrt{35}}{7}$ **d)** $\dfrac{\sqrt{105}}{7}$

e) $\dfrac{16\sqrt{5}}{5}$ **f)** $\dfrac{16\sqrt{6}}{3}$

291 **a)** *Integer root = 17. Remainder = 14*   **b)** *Integer root = 24. Remainder = 18*
c) *Integer root = 14. Remainder = 3*   **d)** *Integer root = 9. Remainder = 16*
e) *Integer root = 31. Remainder = 5*   **f)** *Integer root = 28. Remainder = 52*

292 **a)** *Integer root = 294. Remainder = 80*   **b)** *Integer root = 211. Remainder = 0*
c) *Integer root = 189. Remainder = 355*   **d)** *Integer root = 854. Remainder = 0*
e) *Integer root = 253. Remainder = 415*   **f)** *Integer root = 272. Remainder = 0*

293 **a)** $7^{8/17}$ **b)** $3^{14/17}$ **c)** $2^{1/2}$ **d)** $17^{7/9}$ **e)** $7^{5/7}$ **f)** $3^{8/9}$

294 **a)** $\dfrac{3 \cdot 7}{5^4} \cdot \sqrt{7}$ **b)** $3 \cdot 5 \cdot \sqrt{\dfrac{3 \cdot 5 \cdot 7}{2}}$ **c)** $\dfrac{3 \cdot 7}{2} \cdot \sqrt[3]{5}$

d) $3 \cdot 7 \cdot \sqrt[4]{\dfrac{2^3 \cdot 3^2 \cdot 7^2}{5}}$ **e)** $\dfrac{1}{2} \cdot \sqrt[4]{\dfrac{3 \cdot 5^3}{2^3 \cdot a^2}}$ **f)** $2^4 \cdot b \cdot \sqrt{a}$

295 **a)** *Integer root = 259. Remainder = 29*   **b)** *Integer root = 865. Remainder = 0*
c) *Integer root = 87. Remainder = 82*   **d)** *Integer root = 53. Remainder = 0*
e) *Integer root = 669. Remainder = 172*   **f)** *Integer root = 80. Remainder = 97*

296 a) $\dfrac{2\cdot5^4}{3}\cdot\sqrt[4]{2^3\cdot5}$ b) $\dfrac{3\cdot7}{2\cdot5}\cdot\sqrt[3]{\dfrac{3\cdot7^2}{5^2}}$ c) $5\cdot\sqrt{5\cdot7}$

d) $\dfrac{7}{5}\cdot\sqrt[3]{\dfrac{2\cdot3^2\cdot7^2}{5}}$ e) $\dfrac{1}{3^2\cdot7}\cdot\sqrt[3]{\dfrac{2^2\cdot5}{3\cdot7^2}}$ f) $3^3\cdot5\cdot\sqrt[5]{\dfrac{2^2\cdot3^3}{7^2}}$

297 a) *Integer root = 265. Remainder = 410* b) *Integer root = 283. Remainder = 277*
c) *Integer root = 137. Remainder = 0* d) *Integer root = 72. Remainder = 6*
e) *Integer root = 225. Remainder = 0* f) *Integer root = 309. Remainder = 71*

298 a) $\dfrac{7}{216}$ b) $\dfrac{2186}{81}$ c) $\dfrac{242}{27}$ d) $\dfrac{129}{8}$ e) $\dfrac{127}{32}$ f) $\dfrac{32769}{64}$

299 a) $5^{9/13}$ b) $11^{5/7}$ c) $17^{7/9}$ d) $19^{3/11}$ e) $7^{1/2}$ f) $11^{1/3}$

300 a) $\dfrac{5\sqrt{11}+10}{7}$ b) $\dfrac{11+\sqrt{11}}{10}$ c) $\dfrac{-3\sqrt{7}-18}{29}$ d) $\dfrac{-18\sqrt{7}-108}{29}$

e) $\dfrac{-5\sqrt{2}+15}{14}$ f) $\dfrac{-10\sqrt{10}+40}{3}$

301 a) $\left(\dfrac{3}{2}\right)^{33}$ b) $\left(\dfrac{3}{4}\right)^{31}$ c) $\left(\dfrac{2}{3}\right)^{3}$ d) $\left(\dfrac{3}{2}\right)^{24}$ e) $\left(\dfrac{5}{3}\right)^{13}$ f) $\left(\dfrac{4}{3}\right)^{25}$

302 a) $\dfrac{-4\sqrt{21}-32}{43}$ b) $13+2\sqrt{39}$ c) $\dfrac{-11\sqrt{6}+66}{30}$ d) $\dfrac{13+3\sqrt{13}}{4}$

e) $\dfrac{-35-9\sqrt{35}}{46}$ f) $-\sqrt{6}+3$

303 a) $\left(\dfrac{4}{3}\right)^{11}$ b) $\left(\dfrac{2}{5}\right)^{20}$ c) $\left(\dfrac{4}{3}\right)^{73}$ d) $\left(\dfrac{2}{3}\right)^{8}$ e) $\left(\dfrac{2}{7}\right)^{7}$ f) $\left(\dfrac{3}{4}\right)^{35}$

304 a) 10 b) 5 c) 8 d) 6 e) 7
f) 11

305 a) $\sqrt[20]{3^{41}}$ b) $\sqrt[16]{3}$ c) $\sqrt[9]{2^7}$ d) $\sqrt[35]{3^{28}\times7^{10}}$

e) $\sqrt[14]{\dfrac{3^{21}}{5^6}}$ f) $\sqrt[24]{5^{41}}$

306 a) $\left(\dfrac{5}{3}\right)^{6}$ b) $\left(\dfrac{5}{2}\right)^{15}$ c) $\left(\dfrac{3}{4}\right)^{7}$ d) $\left(\dfrac{3}{4}\right)^{24}$ e) $\left(\dfrac{2}{3}\right)^{15}$ f) $\left(\dfrac{3}{2}\right)^{22}$

307   **a)** $\dfrac{2}{3^3}\cdot\sqrt{\dfrac{2\cdot5}{3}}$ **b)** $2\cdot3\cdot5\cdot\sqrt[3]{2^2\cdot3}$ **c)** $\dfrac{2\cdot5\cdot7}{3^4}\cdot\sqrt{2}$

         d) $\dfrac{1}{5}\cdot\sqrt{3}$ **e)** $\dfrac{c\cdot b}{v}\cdot\sqrt[3]{\dfrac{c^2\cdot b^2\cdot a}{v}}$ **f)** $\dfrac{v}{c^3}\cdot\sqrt[3]{\dfrac{v}{b}}$

308   **a)** $\left(\dfrac{2}{3}\right)^{15}$ **b)** $\left(\dfrac{4}{5}\right)^{14}$ **c)** $\left(\dfrac{4}{3}\right)^{15}$ **d)** $\left(\dfrac{3}{2}\right)^{20}$ **e)** $\left(\dfrac{2}{3}\right)^{34}$ **f)** $\left(\dfrac{5}{2}\right)^{3}$

309   **a)** 3^{24} **b)** 3^{17} **c)** 3^{13} **d)** 3^{5} **e)** 3^{16} **f)** 2^{35}

310   **a)** $2^3\cdot5\cdot\sqrt{2\cdot5}$ **b)** $\dfrac{1}{5\cdot7}\cdot\sqrt[4]{\dfrac{1}{2^3\cdot5^2\cdot7^3}}$ **c)** $2^4\cdot5^2\cdot7\cdot\sqrt[4]{2^2\cdot7^3}$

         d) $3^2\cdot5\cdot\sqrt[5]{2\cdot5^3}$ **e)** $3\cdot7^3\cdot\sqrt{5}$ **f)** $\dfrac{2^2\cdot3^3}{7}\cdot\sqrt[5]{2^4}$

311   **a)** $-22\sqrt[3]{7}$ **b)** $12\sqrt[3]{5}$ **c)** $51\sqrt[3]{3}$ **d)** $-38\sqrt[3]{2}$

         e) $25\sqrt[3]{5}$ **f)** $-63\sqrt[3]{3}$

312   **a)** $\dfrac{2^3\cdot3}{7}\cdot\sqrt[5]{\dfrac{1}{5^3}}$ **b)** $5^3\cdot\sqrt{2\cdot5}$ **c)** $\dfrac{2}{5}\cdot\sqrt[5]{\dfrac{3^3}{a}}$

         d) $2\cdot3\cdot7\cdot\sqrt{2\cdot3\cdot5}$ **e)** $2\cdot7^3\cdot\sqrt{2\cdot3\cdot7}$ **f)** $\dfrac{2\cdot b^3}{a}\cdot\sqrt[3]{2^2}$

313   **a)** $\sqrt[14]{11}$ **b)** $\sqrt[9]{7^8}$ **c)** $\sqrt[12]{3^{11}}$ **d)** $\sqrt[3]{3^2}$ **e)** $\sqrt{13}$ **f)** $\sqrt[11]{11^3}$

314   **a)** $\dfrac{\sqrt{15}}{3}$ **b)** $\dfrac{4\sqrt{11}}{11}$ **c)** $\dfrac{2\sqrt{35}}{7}$ **d)** $\dfrac{\sqrt{15}}{5}$

         e) $\dfrac{19\sqrt{11}}{11}$ **f)** $\dfrac{\sqrt{195}}{13}$

315   **a)** *Integer root = 215. Remainder = 206*   **b)** *Integer root = 952. Remainder = 0*
         c) *Integer root = 714. Remainder = 32*   **d)** *Integer root = 85. Remainder = 131*
         e) *Integer root = 52. Remainder = 93*   **f)** *Integer root = 953. Remainder = 1068*

316   **a)** $\sqrt[12]{7^9\times13^{32}}$ **b)** $\sqrt[6]{\dfrac{13^3}{5^4}}$ **c)** $\sqrt[6]{2^{17}}$ **d)** $\sqrt[21]{5^2}$

         e) $\sqrt[15]{5}$ **f)** $\sqrt[8]{5^{15}}$

317   **a)** $\dfrac{2\cdot5}{a}\cdot\sqrt{2\cdot3}$ **b)** $2^3\cdot7\cdot\sqrt{2\cdot3\cdot7}$ **c)** $\dfrac{2}{5^2\cdot7}\cdot\sqrt[4]{\dfrac{2^2\cdot3^2}{5^3\cdot7}}$

     d) $\dfrac{a}{2\cdot3^2}\cdot\sqrt{\dfrac{1}{3\cdot b}}$ **e)** $\dfrac{3}{5}\cdot\sqrt{\dfrac{2}{7}}$ **f)** $\dfrac{7}{2^2}\cdot\sqrt{7}$

318   **a)** $\left(\dfrac{4}{5}\right)^{20}$ **b)** $\dfrac{13}{3}$ **c)** $\left(\dfrac{3}{2}\right)^{10}$ **d)** $\left(\dfrac{3}{2}\right)^{18}$ **e)** $\dfrac{3}{4}$ **f)** $\left(\dfrac{3}{4}\right)^{14}$

319   **a)** $\left(\dfrac{7}{4}\right)^{11}$ **b)** $\left(\dfrac{4}{5}\right)^{43}$ **c)** $\left(\dfrac{3}{2}\right)^{8}$ **d)** $\left(\dfrac{7}{3}\right)^{23}$ **e)** $\left(\dfrac{5}{4}\right)^{23}$ **f)** $\left(\dfrac{5}{4}\right)^{11}$

320   **a)** 5 **b)** $53+10\sqrt{6}$ **c)** $7-2\sqrt{6}$ **d)** 78

     e) $17+2\sqrt{70}$ **f)** $36-10\sqrt{11}$

321   **a)** $\dfrac{11\sqrt{26}+33}{17}$ **b)** $\dfrac{-3-\sqrt{15}}{2}$ **c)** $\dfrac{8\sqrt{15}-24}{3}$ **d)** $\dfrac{-5\sqrt{3}-15}{6}$

     e) $\dfrac{\sqrt{5}+2}{3}$ **f)** $\dfrac{13\sqrt{35}+52}{19}$

322   **a)** $\dfrac{-23-6\sqrt{23}}{13}$ **b)** $\dfrac{10\sqrt{2}-8}{17}$ **c)** $\dfrac{-3-4\sqrt{3}}{13}$ **d)** $\dfrac{22+3\sqrt{22}}{13}$

     e) $\dfrac{-5\sqrt{6}+40}{58}$ **f)** $\dfrac{8\sqrt{10}+4}{39}$

323   **a)** $5^{1/3}$ **b)** $5^{3/4}$ **c)** $5^{8/11}$ **d)** $2^{15/16}$ **e)** $3^{5/14}$ **f)** $3^{1/3}$

324   **a)** $\dfrac{7\sqrt{2}}{2}$ **b)** $\dfrac{15\sqrt{39}}{13}$ **c)** $\dfrac{\sqrt{15}}{3}$ **d)** $\dfrac{14\sqrt{5}}{5}$

     e) $\dfrac{5\sqrt{14}}{7}$ **f)** $\dfrac{\sqrt{209}}{11}$

325   **a)** *Integer root = 4. Remainder = 4*   **b)** *Integer root = 9. Remainder = 0*

     c) *Integer root = 8. Remainder = 14*   **d)** *Integer root = 26. Remainder = 0*

     e) *Integer root = 30. Remainder = 17*   **f)** *Integer root = 29. Remainder = 35*

326   **a)** $17^{3/8}$ **b)** $17^{6/11}$ **c)** $17^{2/11}$ **d)** $13^{3/17}$ **e)** $13^{1/2}$ **f)** $11^{9/10}$

327   **a)** $\left(\dfrac{4}{3}\right)^{2}$ **b)** $\left(\dfrac{4}{3}\right)^{4}$ **c)** $\left(\dfrac{3}{4}\right)^{23}$ **d)** $\left(\dfrac{2}{5}\right)^{12}$ **e)** $\left(\dfrac{2}{3}\right)^{3}$ **f)** $\left(\dfrac{3}{4}\right)^{3}$

328   **a)** 12 **b)** -13 **c)** $25-2\sqrt{154}$ **d)** 66

     e) $57+24\sqrt{3}$ **f)** $6-2\sqrt{5}$

329 a) $29 + 8\sqrt{13}$ b) $12 - 2\sqrt{35}$ c) -4 d) $51 + 14\sqrt{2}$
e) $39 - 8\sqrt{14}$ f) 19

330 a) $15\sqrt{5}$ b) $16\sqrt{5}$ c) $8\sqrt{5}$ d) $27\sqrt{3}$

e) $-21\sqrt{3}$ f) $47\sqrt{5}$

331 a) $\dfrac{12\sqrt[6]{37}}{37}$ b) $\dfrac{32\sqrt[5]{15^3}}{5}$ c) $\dfrac{25\sqrt[9]{11^8}}{11}$ d) $\dfrac{19\sqrt[9]{87^8}}{29}$

e) $\dfrac{7\sqrt[7]{12^3}}{3}$ f) $\dfrac{21\sqrt[7]{17^5}}{17}$

332 a) $\sqrt[17]{13^{11}}$ b) $\sqrt[3]{13}$ c) $\sqrt[13]{5^7}$ d) $\sqrt[16]{5^3}$ e) $\sqrt[7]{17^5}$ f) $\sqrt{3}$

333 a) $\dfrac{12\sqrt{13}}{13}$ b) $\dfrac{5\sqrt{6}}{3}$ c) $\dfrac{\sqrt{60}}{3}$ d) $\dfrac{17\sqrt{6}}{2}$

e) $\dfrac{16\sqrt{15}}{5}$ f) $\dfrac{\sqrt{119}}{7}$

334 a) $30\sqrt[3]{2}$ b) $13\sqrt[3]{2}$ c) $-30\sqrt[3]{3}$ d) $13\sqrt[3]{3}$

e) $-12\sqrt[3]{2}$ f) $3\sqrt[3]{3}$

335 a) 1 b) 2^{26} c) 2^{46} d) 1 e) 1 f) 3^{24}

336 a) $\dfrac{5}{64}$ b) $\dfrac{7775}{216}$ c) $\dfrac{7777}{36}$ d) $\dfrac{3}{8}$ e) $\dfrac{16385}{64}$ f) $\dfrac{2186}{81}$

337 a) $\sqrt[24]{3^9 \times 5^{40}}$ b) $\sqrt[4]{5}$ c) $\sqrt[15]{17^4}$ d) $\sqrt[24]{13^{13}}$

e) $\sqrt[6]{5^3 \times 7^{10}}$ f) $\sqrt[6]{\dfrac{3^{21}}{2^4}}$

338 a) *Integer root = 224. Remainder = 91* b) *Integer root = 241. Remainder = 277*
c) *Integer root = 58. Remainder = 15* d) *Integer root = 658. Remainder = 473*
e) *Integer root = 187. Remainder = 296* f) *Integer root = 274. Remainder = 0*

339 a) $\left(\dfrac{3}{2}\right)^{59}$ b) $\left(\dfrac{2}{3}\right)^{2}$ c) $\left(\dfrac{2}{5}\right)^{3}$ d) $\left(\dfrac{3}{5}\right)^{36}$ e) $\left(\dfrac{4}{5}\right)^{42}$ f) $\left(\dfrac{3}{2}\right)^{3}$

340 a) $\dfrac{-13\sqrt{11} - 78}{25}$ b) $\dfrac{-17 - 6\sqrt{17}}{19}$ c) $\dfrac{38\sqrt{10} - 57}{31}$ d) $\dfrac{-19\sqrt{14} - 171}{67}$

e) $\dfrac{34 + 3\sqrt{34}}{25}$ f) $-7\sqrt{3} + 14$

341 a) $-19\sqrt{3}$ b) $-23\sqrt{3}$ c) $44\sqrt{7}$ d) $4\sqrt{3}$

e) $8\sqrt{5}$ f) $14\sqrt{5}$

342 a) $\dfrac{\sqrt{37} - 5}{3}$ b) $\dfrac{5\sqrt{42} + 30}{6}$ c) $\dfrac{-23 - 4\sqrt{46}}{9}$ d) $\dfrac{40\sqrt{7} - 100}{3}$

e) $\dfrac{12\sqrt{38} + 12}{37}$ f) $\dfrac{37 + 3\sqrt{37}}{28}$

343 a) $\dfrac{-13\sqrt{19} - 78}{17}$ b) $\dfrac{41 + 6\sqrt{41}}{5}$ c) $\dfrac{\sqrt{21} - 3}{2}$ d) $\dfrac{8\sqrt{6} + 8}{5}$

e) $-\sqrt{31} - 7$ f) $\dfrac{3\sqrt{19} - 9}{5}$

344 a) $\dfrac{45 + 12\sqrt{5}}{29}$ b) $\dfrac{-13\sqrt{34} + 91}{15}$ c) $\dfrac{40\sqrt{3} + 30}{39}$ d) $\dfrac{38 + 5\sqrt{38}}{13}$

e) $\dfrac{19\sqrt{43} - 76}{27}$ f) $\dfrac{4\sqrt{21} + 16}{5}$

345 a) $-3\sqrt{5}$ b) $14\sqrt{5}$ c) $49\sqrt{3}$ d) $-2\sqrt{7}$

e) $-13\sqrt{5}$ f) $-12\sqrt{2}$

346 a) $\dfrac{9}{512}$ b) $\dfrac{7}{216}$ c) $\dfrac{32769}{64}$ d) $\dfrac{1025}{16}$ e) $\dfrac{16806}{343}$ f) $\dfrac{6}{625}$

347 a) $62\sqrt[3]{5}$ b) $-27\sqrt[3]{2}$ c) $-17\sqrt[3]{2}$ d) $-37\sqrt[3]{3}$

e) $65\sqrt[3]{3}$ f) $10\sqrt[3]{3}$

348 a) $\dfrac{45\sqrt{2} - 30}{14}$ b) $\dfrac{15\sqrt{35} + 30}{31}$ c) $\dfrac{34 + 5\sqrt{34}}{9}$ d) $\dfrac{7\sqrt{19} - 14}{15}$

e) $\dfrac{-2\sqrt{21} - 12}{3}$ f) $\dfrac{-5 - 3\sqrt{15}}{22}$

349 **a)** -14 **b)** $16 + 2\sqrt{15}$ **c)** $6 - 2\sqrt{5}$ **d)** 47

e) $7 + 2\sqrt{6}$ **f)** $27 - 2\sqrt{182}$

350 **a)** $17 + 4\sqrt{17}$ **b)** $\dfrac{\sqrt{5} - 1}{8}$ **c)** $\dfrac{51\sqrt{5} + 85}{20}$ **d)** $\dfrac{-18 - 15\sqrt{2}}{7}$

e) $\dfrac{-3\sqrt{5} + 21}{22}$ **f)** $\dfrac{7\sqrt{38} + 14}{34}$

351 **a)** $\left(\dfrac{4}{3}\right)^4$ **b)** $\left(\dfrac{3}{5}\right)^{18}$ **c)** $\left(\dfrac{3}{4}\right)^6$ **d)** $\left(\dfrac{3}{11}\right)^9$ **e)** $\left(\dfrac{4}{3}\right)^{36}$ **f)** $\left(\dfrac{2}{5}\right)^{10}$

352 **a)** $\dfrac{31\sqrt[3]{58}}{29}$ **b)** $\dfrac{5\sqrt[7]{31}}{31}$ **c)** $\dfrac{29\sqrt[4]{17}}{17}$ **d)** $\dfrac{14\sqrt[7]{15^3}}{5}$

e) $\dfrac{12\sqrt[5]{7^2}}{7}$ **f)** $\dfrac{5\sqrt[5]{33}}{11}$

353 **a)** $\dfrac{2}{3^3} \cdot \sqrt{\dfrac{7}{3 \cdot 5}}$ **b)** $3 \cdot 5^4 \cdot 7^2 \cdot \sqrt{3 \cdot 7}$ **c)** $5^3 \cdot \sqrt{3 \cdot 5}$

d) $\dfrac{3}{5^2} \cdot \sqrt[3]{\dfrac{2}{7^2}}$ **e)** $3 \cdot \sqrt[4]{3^3 \cdot 7^3}$ **f)** $5 \cdot a \cdot \sqrt{2 \cdot 3 \cdot a}$

354 **a)** $\dfrac{23\sqrt[7]{38^4}}{19}$ **b)** $\dfrac{15\sqrt[9]{23^8}}{23}$ **c)** $\dfrac{39\sqrt[4]{62}}{31}$ **d)** $\dfrac{17\sqrt[3]{39}}{13}$

e) $\dfrac{24\sqrt[8]{13^3}}{13}$ **f)** $\dfrac{13\sqrt[7]{21^3}}{7}$

355 **a)** $\sqrt[24]{\dfrac{7^3}{3^{32}}}$ **b)** $\sqrt[4]{5^9}$ **c)** $\sqrt[21]{5^{10}}$ **d)** $\sqrt[20]{3^5 \times 11^8}$

e) $\sqrt[12]{\dfrac{5^3}{3^{32}}}$ **f)** $\sqrt[24]{3^{19}}$

356 **a)** 3^{17} **b)** 5^{23} **c)** 2^7 **d)** 5^{22} **e)** 2^{20} **f)** 3^{10}

357 **a)** $\sqrt{3}$ **b)** $\sqrt{2^5}$ **c)** $\sqrt[6]{3^{16} \times 7^9}$ **d)** $\sqrt[6]{\dfrac{5^9}{3^4}}$

e) $\sqrt{7^3}$ **f)** $\sqrt[6]{2}$

358 a) $-15\sqrt[3]{5}$ b) $-48\sqrt[3]{3}$ c) $-15\sqrt[3]{5}$ d) $6\sqrt[3]{3}$

e) $-40\sqrt[3]{5}$ f) $32\sqrt[3]{3}$

359 a) *Integer root = 24. Remainder = 30*   b) *Integer root = 30. Remainder = 58*
c) *Integer root = 4. Remainder = 7*   d) *Integer root = 26. Remainder = 13*
e) *Integer root = 6. Remainder = 12*   f) *Integer root = 7. Remainder = 1*

360 a) $\dfrac{-8\sqrt{46}+56}{3}$ b) $\dfrac{-8\sqrt{5}-32}{11}$ c) $37+6\sqrt{37}$ d) $\dfrac{-\sqrt{41}+7}{4}$

e) $\dfrac{\sqrt{41}+5}{16}$ f) $\dfrac{-47-7\sqrt{47}}{2}$

361 a) $2\cdot5^3\cdot\sqrt[4]{3\cdot5^2}$ b) $a\cdot\sqrt{\dfrac{a}{2\cdot3}}$ c) $5\cdot\sqrt{\dfrac{5\cdot a}{3}}$

d) $\dfrac{2\cdot3}{7}\cdot\sqrt{\dfrac{3}{5\cdot7}}$ e) $\dfrac{7}{2\cdot3}\cdot\sqrt[5]{\dfrac{5}{3^3}}$ f) $7\cdot\sqrt{\dfrac{1}{3\cdot5}}$

362 a) 3^{10} b) 2^{12} c) 5^{26} d) 3^{15} e) 3^{23} f) 5^{16}

363 a) $\dfrac{-19\sqrt{21}+133}{28}$ b) $\dfrac{-9\sqrt{22}-54}{14}$ c) $\dfrac{-6-7\sqrt{6}}{43}$ d) $\dfrac{40\sqrt{2}+32}{17}$

e) $\dfrac{14\sqrt{35}+56}{19}$ f) $\dfrac{-1-\sqrt{3}}{2}$

364 a) 3^{14} b) 3^{15} c) 3^{16} d) 5^{29} e) 5^{19} f) 3^9

365 a) $36\sqrt[3]{5}$ b) $60\sqrt[3]{2}$ c) $35\sqrt[3]{3}$ d) $\sqrt[3]{5}$

e) $19\sqrt[3]{7}$ f) $-13\sqrt[3]{5}$

366 a) $\dfrac{9\sqrt[7]{34^6}}{17}$ b) $\dfrac{3\sqrt[4]{52}}{13}$ c) $\dfrac{16\sqrt[3]{31}}{31}$ d) $\dfrac{10\sqrt[5]{57^3}}{19}$

e) $\dfrac{8\sqrt[4]{37}}{37}$ f) $\dfrac{7\sqrt[7]{87^4}}{29}$

367 a) $\sqrt[3]{5}$ b) $\sqrt[15]{11}$ c) $\sqrt[13]{13^6}$ d) $\sqrt[13]{11^3}$ e) $\sqrt[12]{3}$ f) $\sqrt[13]{5^3}$

368 a) $\dfrac{25\sqrt[9]{17^5}}{17}$ b) $\dfrac{14\sqrt[9]{69}}{23}$ c) $\dfrac{15\sqrt[5]{28^2}}{7}$ d) $\dfrac{38\sqrt[7]{3^3}}{3}$

e) $\dfrac{11\sqrt[8]{2}}{2}$ f) $\dfrac{13\sqrt[5]{85^2}}{17}$

369 a) $\left(\dfrac{3}{4}\right)^{17}$ b) $\left(\dfrac{4}{3}\right)^{42}$ c) $\left(\dfrac{3}{5}\right)^{3}$ d) $\left(\dfrac{4}{3}\right)^{19}$ e) $\left(\dfrac{2}{3}\right)^{3}$ f) $\left(\dfrac{3}{2}\right)^{36}$

370 a) *Integer root* = 314. *Remainder* = 75   b) *Integer root* = 44. *Remainder* = 14
c) *Integer root* = 305. *Remainder* = 84   d) *Integer root* = 300. *Remainder* = 79
e) *Integer root* = 78. *Remainder* = 126   f) *Integer root* = 263. *Remainder* = 111

371 a) $\left(\dfrac{3}{4}\right)^{45}$ b) $\left(\dfrac{7}{4}\right)^{3}$ c) $\left(\dfrac{5}{3}\right)^{12}$ d) $\left(\dfrac{8}{5}\right)^{14}$ e) $\left(\dfrac{3}{2}\right)^{13}$ f) $\left(\dfrac{7}{5}\right)^{30}$

372 a) $\dfrac{-16\sqrt{2}-28}{17}$ b) $\dfrac{-3-4\sqrt{3}}{13}$ c) $\dfrac{24\sqrt{2}-30}{7}$ d) $\dfrac{-5\sqrt{10}-30}{26}$

e) $-1-\sqrt{2}$ f) $\dfrac{3\sqrt{43}-3}{7}$

373 a) $18-2\sqrt{77}$ b) 10 c) $17+2\sqrt{30}$ d) $26-2\sqrt{165}$
e) 5 f) $12+2\sqrt{11}$

374 a) $\left(\dfrac{4}{3}\right)^{23}$ b) $\left(\dfrac{4}{3}\right)^{14}$ c) $\left(\dfrac{3}{4}\right)^{5}$ d) $\left(\dfrac{2}{3}\right)^{16}$ e) $\left(\dfrac{3}{4}\right)^{2}$ f) $\left(\dfrac{4}{5}\right)^{16}$

375 a) *Integer root* = 8. *Remainder* = 15   b) *Integer root* = 8. *Remainder* = 9
c) *Integer root* = 31. *Remainder* = 24   d) *Integer root* = 6. *Remainder* = 9
e) *Integer root* = 30. *Remainder* = 59   f) *Integer root* = 29. *Remainder* = 7

376 a) 3^{20} b) 3^{69} c) 2^{11} d) 3^{22} e) 2^{29} f) 3^{15}

377 a) $\dfrac{5\sqrt{33}}{11}$ b) $\dfrac{\sqrt{260}}{13}$ c) $\dfrac{19\sqrt{13}}{13}$ d) $\dfrac{5\sqrt{39}}{13}$

e) $\dfrac{\sqrt{165}}{11}$ f) $\dfrac{9\sqrt{5}}{5}$

378 a) $\dfrac{7\sqrt[3]{37^2}}{37}$ b) $\dfrac{9\sqrt[8]{52^5}}{13}$ c) $\dfrac{25\sqrt[4]{87^3}}{29}$ d) $\dfrac{2\sqrt[7]{13^2}}{13}$

e) $\dfrac{14\sqrt[4]{39}}{13}$ f) $\dfrac{10\sqrt[5]{29^3}}{29}$

379 a) $\dfrac{13 + \sqrt{39}}{10}$ b) $\dfrac{38\sqrt{3} - 57}{6}$ c) $\dfrac{-8\sqrt{41} - 64}{23}$ d) $\dfrac{-5 - 4\sqrt{5}}{11}$

  e) $\dfrac{-2\sqrt{29} + 16}{7}$ f) $\dfrac{35 + 4\sqrt{35}}{19}$

380 a) 307 b) 248 c) 27 d) 161 e) 161 f) -598

381 a) $\dfrac{2\sqrt[8]{11^7}}{11}$ b) $\dfrac{13\sqrt[5]{34}}{17}$ c) $\dfrac{17\sqrt[3]{3}}{3}$ d) $\dfrac{3\sqrt[8]{46^5}}{23}$

  e) $\dfrac{28\sqrt[4]{5}}{5}$ f) $\dfrac{38\sqrt[4]{3}}{3}$

382 a) $\sqrt[3]{17}$ b) $\sqrt[10]{19^3}$ c) $\sqrt[7]{5^3}$ d) $\sqrt[11]{19^{10}}$ e) $\sqrt{17}$ f) $\sqrt[13]{5^4}$

383 a) $\dfrac{6\sqrt[7]{37}}{37}$ b) $\dfrac{2\sqrt[7]{37^3}}{37}$ c) $\dfrac{17\sqrt[4]{15}}{3}$ d) $\dfrac{22\sqrt[8]{3^3}}{3}$

  e) $\dfrac{27\sqrt[5]{38^2}}{19}$ f) $\dfrac{31\sqrt[7]{23^5}}{23}$

384 a) 3^{15} b) 3^8 c) 5^{18} d) 5^{32} e) 13^{10} f) 3^{16}

385 a) $\left(\dfrac{5}{2}\right)^7$ b) $\left(\dfrac{5}{4}\right)^{14}$ c) $\left(\dfrac{3}{5}\right)^{22}$ d) $\left(\dfrac{7}{5}\right)^{18}$ e) $\left(\dfrac{5}{3}\right)^{17}$ f) $\left(\dfrac{5}{3}\right)^{10}$

386 a) $\dfrac{3126}{25}$ b) $\dfrac{3124}{125}$ c) $\dfrac{63}{16}$ d) $\dfrac{1023}{64}$ e) $\dfrac{16383}{256}$ f) $\dfrac{6}{625}$

387 a) $\sqrt[21]{2^{28} \times 7^{24}}$ b) $\sqrt[12]{5^5}$ c) $\sqrt[6]{5^9 \times 7^8}$ d) $\sqrt[12]{\dfrac{2^{28}}{3^9}}$

  e) $\sqrt[18]{3^7}$ f) $\sqrt[6]{7^5}$

388 a) $\dfrac{2\sqrt{34} - 10}{3}$ b) $\dfrac{34\sqrt{7} + 85}{3}$ c) $\dfrac{-17 - 8\sqrt{17}}{47}$ d) $\sqrt{5} - 2$

  e) $\dfrac{2\sqrt{10} + 5}{15}$ f) $\dfrac{-2 - \sqrt{10}}{3}$

389 a) $\left(\dfrac{4}{3}\right)^5$ b) $\left(\dfrac{7}{3}\right)^9$ c) $\left(\dfrac{3}{2}\right)^{32}$ d) $\left(\dfrac{3}{4}\right)^{19}$ e) 1 f) $\left(\dfrac{2}{3}\right)^6$

390   **a)** $\dfrac{3\sqrt[7]{95}}{19}$ **b)** $\dfrac{17\sqrt[5]{3^2}}{3}$ **c)** $\dfrac{27\sqrt[5]{14^3}}{7}$ **d)** $\dfrac{6\sqrt[4]{95^3}}{19}$

      e) $\dfrac{6\sqrt[8]{29^3}}{29}$ **f)** $\dfrac{27\sqrt[9]{38^5}}{19}$

391   **a)** $\dfrac{5}{256}$ **b)** $\dfrac{9}{512}$ **c)** $\dfrac{3}{16}$ **d)** $\dfrac{1023}{64}$ **e)** $\dfrac{17}{256}$ **f)** $\dfrac{26}{625}$

392   **a)** 96   **b)** −100   **c)** 281   **d)** 280   **e)** −109   **f)** 128

393   **a)** *Integer root = 785. Remainder = 216*   **b)** *Integer root = 200. Remainder = 0*
      c) *Integer root = 582. Remainder = 567*   **d)** *Integer root = 41. Remainder = 42*
      e) *Integer root = 174. Remainder = 0*   **f)** *Integer root = 313. Remainder = 77*

394   **a)** $5^{13/17}$ **b)** $2^{6/11}$ **c)** $3^{9/13}$ **d)** $7^{5/13}$ **e)** $17^{5/11}$ **f)** $7^{1/2}$

395   **a)** $-21\sqrt{3}$ **b)** $48\sqrt{2}$ **c)** $-13\sqrt{5}$ **d)** $20\sqrt{3}$

      e) $-14\sqrt{3}$ **f)** $-10\sqrt{5}$

396   **a)** 3^{20} **b)** 3^{18} **c)** 3^{16} **d)** 3^{14} **e)** 3^{20} **f)** 2^{67}

397   **a)** $5^{1/13}$ **b)** $17^{5/16}$ **c)** $19^{1/2}$ **d)** $5^{13/14}$ **e)** $13^{7/11}$ **f)** $19^{9/13}$

398   **a)** $\left(\dfrac{4}{3}\right)^{28}$ **b)** $\dfrac{5}{2}$ **c)** $\dfrac{4}{5}$ **d)** $\left(\dfrac{3}{5}\right)^{5}$ **e)** $\left(\dfrac{7}{4}\right)^{24}$ **f)** $\left(\dfrac{2}{3}\right)^{25}$

399   **a)** 3^{32} **b)** 3^{3} **c)** 3^{10} **d)** 3^{36} **e)** 3^{39} **f)** 5^{4}

400   **a)** $\dfrac{14\sqrt[3]{13}}{13}$ **b)** $\dfrac{\sqrt[3]{76^2}}{19}$ **c)** $\dfrac{34\sqrt[7]{29^3}}{29}$ **d)** $\dfrac{30\sqrt[6]{29}}{29}$

      e) $\dfrac{32\sqrt[3]{87}}{29}$ **f)** $\dfrac{9\sqrt[7]{31^4}}{31}$

401   **a)** $\left(\dfrac{7}{4}\right)^{24}$ **b)** $\left(\dfrac{2}{3}\right)^{28}$ **c)** $\left(\dfrac{3}{4}\right)^{36}$ **d)** $\left(\dfrac{3}{4}\right)^{12}$ **e)** $\left(\dfrac{3}{5}\right)^{4}$ **f)** $\left(\dfrac{4}{3}\right)^{12}$

402   **a)** $13\sqrt{5}$ **b)** $-11\sqrt{2}$ **c)** $7\sqrt{3}$ **d)** $16\sqrt{5}$

      e) $-28\sqrt{5}$ **f)** $-7\sqrt{2}$

403   **a)** −382   **b)** 359   **c)** −256   **d)** 968   **e)** −282   **f)** −256

404   **a)** *Integer root = 223. Remainder = 280*   **b)** *Integer root = 276. Remainder = 142*
      c) *Integer root = 815. Remainder = 0*   **d)** *Integer root = 896. Remainder = 530*
      e) *Integer root = 142. Remainder = 223*   **f)** *Integer root = 83. Remainder = 122*

405   **a)** $27\sqrt{2}$ **b)** $13\sqrt{2}$ **c)** $-11\sqrt{5}$ **d)** $26\sqrt{3}$

       e) $26\sqrt{3}$ **f)** $-21\sqrt{5}$

406   **a)** $153 - 108\sqrt{2}$ **b)** -38 **c)** $69 + 20\sqrt{11}$ **d)** $61 - 10\sqrt{22}$

       e) -16 **f)** $51 + 10\sqrt{2}$

407   **a)** $17^{5/18}$ **b)** $19^{1/3}$ **c)** $7^{1/2}$ **d)** $19^{13/14}$ **e)** $3^{5/6}$ **f)** $3^{10/17}$

408   **a)** $\dfrac{19\sqrt[7]{29^6}}{29}$ **b)** $\dfrac{3\sqrt[7]{52^4}}{13}$ **c)** $\dfrac{28\sqrt[7]{11}}{11}$ **d)** $\dfrac{4\sqrt[6]{39}}{13}$

       e) $\dfrac{20\sqrt[4]{19}}{19}$ **f)** $\dfrac{29\sqrt[7]{17^5}}{17}$

409   **a)** *Integer root = 134. Remainder = 233*   **b)** *Integer root = 248. Remainder = 0*
       c) *Integer root = 287. Remainder = 192*   **d)** *Integer root = 237. Remainder = 44*
       e) *Integer root = 872. Remainder = 0*   **f)** *Integer root = 246. Remainder = 307*

410   **a)** $-41\sqrt[3]{2}$ **b)** $16\sqrt[3]{3}$ **c)** $6\sqrt[3]{2}$ **d)** $-3\sqrt[3]{2}$

       e) $-\sqrt[3]{5}$ **f)** $-10\sqrt[3]{3}$

411   **a)** $7 - 2\sqrt{6}$ **b)** -4 **c)** $27 + 8\sqrt{11}$ **d)** $17 - 2\sqrt{66}$

       e) -11 **f)** $81 + 8\sqrt{5}$

412   **a)** $\dfrac{-11\sqrt{7} + 33}{2}$ **b)** $\dfrac{-7\sqrt{19} - 56}{45}$ **c)** $\dfrac{29 + 3\sqrt{29}}{20}$ **d)** $\dfrac{-11\sqrt{34} + 88}{30}$

       e) $\dfrac{17\sqrt{3} + 17}{8}$ **f)** $-5 - \sqrt{30}$

413   **a)** $\left(\dfrac{3}{2}\right)^{30}$ **b)** $\left(\dfrac{3}{4}\right)^{26}$ **c)** $\left(\dfrac{2}{3}\right)^{2}$ **d)** $\left(\dfrac{3}{2}\right)^{14}$ **e)** $\left(\dfrac{4}{5}\right)^{15}$ **f)** 1

414   **a)** $\dfrac{6562}{27}$ **b)** $\dfrac{16806}{343}$ **c)** $\dfrac{32767}{512}$ **d)** $\dfrac{6}{625}$ **e)** $\dfrac{255}{32}$ **f)** $\dfrac{7775}{216}$

415   **a)** $\dfrac{8\sqrt[6]{31^5}}{31}$ **b)** $\dfrac{39\sqrt[8]{62^5}}{31}$ **c)** $\dfrac{27\sqrt[4]{29}}{29}$ **d)** $\dfrac{13\sqrt[5]{85^3}}{17}$

       e) $\dfrac{16\sqrt[9]{39^8}}{13}$ **f)** $\dfrac{2\sqrt[5]{29^3}}{29}$

416 **a)** $2 \cdot 3 \cdot 5^3 \cdot 7^3 \cdot \sqrt{3 \cdot 5}$ **b)** $2^3 \cdot \sqrt{\dfrac{7}{3 \cdot 5}}$ **c)** $\dfrac{1}{2} \cdot \sqrt{\dfrac{1}{3}}$

d) $3 \cdot 5 \cdot \sqrt{\dfrac{3}{2}}$ **e)** $2 \cdot 3 \cdot 7^2 \cdot \sqrt{3 \cdot 7}$ **f)** $\dfrac{3}{5} \cdot \sqrt[4]{\dfrac{1}{5^3}}$

417 **a)** 247 **b)** 260 **c)** 689 **d)** 52 **e)** -48 **f)** 598

418 **a)** $\sqrt[12]{5^7}$ **b)** $\sqrt[8]{7^{15}}$ **c)** $\sqrt[9]{7^2 \times 3^6}$ **d)** $\sqrt[15]{3^{10} \times 5^9}$

e) $\sqrt[12]{\dfrac{5^8}{3^3}}$ **f)** $\sqrt[18]{7^{31}}$

419 **a)** 5^7 **b)** 2^{24} **c)** 3^{29} **d)** 2^{21} **e)** 2^4 **f)** 2^{31}

420 **a)** $\dfrac{-9\sqrt{29} - 63}{20}$ **b)** $\dfrac{10 + \sqrt{30}}{7}$ **c)** $\dfrac{17\sqrt{26} - 68}{10}$ **d)** $\dfrac{2\sqrt{39} + 10}{7}$

e) $\dfrac{-1 - \sqrt{5}}{4}$ **f)** $\dfrac{8\sqrt{26} - 24}{17}$

421 **a)** $9\sqrt[3]{5}$ **b)** $80\sqrt[3]{3}$ **c)** $-29\sqrt[3]{3}$ **d)** $10\sqrt[3]{2}$

e) $45\sqrt[3]{3}$ **f)** $-75\sqrt[3]{3}$

422 **a)** $\dfrac{4\sqrt{13}}{13}$ **b)** $\dfrac{12\sqrt{33}}{11}$ **c)** $\dfrac{\sqrt{65}}{5}$ **d)** $\dfrac{\sqrt{198}}{11}$

e) $\dfrac{\sqrt{21}}{7}$ **f)** $\dfrac{11\sqrt{5}}{5}$

423 **a)** $\dfrac{2\sqrt{14}}{7}$ **b)** $\dfrac{\sqrt{165}}{11}$ **c)** $\dfrac{2\sqrt{3}}{3}$ **d)** $\dfrac{13\sqrt{21}}{7}$

e) $\dfrac{\sqrt{10}}{2}$ **f)** $\dfrac{9\sqrt{5}}{5}$

424 **a)** $\sqrt[15]{5^2}$ **b)** $\sqrt[13]{7^9}$ **c)** $\sqrt[3]{5}$ **d)** $\sqrt[6]{17}$ **e)** $\sqrt{19}$ **f)** $\sqrt{13}$

425 **a)** $80\sqrt[3]{3}$ **b)** $36\sqrt[3]{3}$ **c)** $32\sqrt[3]{7}$ **d)** 0

e) $15\sqrt[3]{3}$ **f)** $-29\sqrt[3]{3}$

426 a) $9\sqrt[3]{5}$ b) $71\sqrt[3]{2}$ c) $-36\sqrt[3]{3}$ d) $-16\sqrt[3]{3}$

e) $-60\sqrt[3]{3}$ f) $-15\sqrt[3]{2}$

427 a) $7^{3/8}$ b) $2^{1/3}$ c) $13^{1/5}$ d) $17^{7/10}$ e) $13^{8/11}$ f) $7^{4/17}$

428 a) $-22\sqrt[3]{5}$ b) $-56\sqrt[3]{3}$ c) $-5\sqrt[3]{3}$ d) $20\sqrt[3]{3}$

e) $37\sqrt[3]{3}$ f) $-\sqrt[3]{5}$

429 a) 52 b) 324 c) 117 d) 141 e) 320 f) 280

430 a) $24\sqrt[3]{7}$ b) $38\sqrt[3]{3}$ c) $15\sqrt[3]{3}$ d) $27\sqrt[3]{7}$

e) $-28\sqrt[3]{7}$ f) $26\sqrt[3]{2}$

431 a) $\left(\dfrac{4}{3}\right)^{8}$ b) $\left(\dfrac{3}{4}\right)^{9}$ c) $\left(\dfrac{3}{4}\right)^{21}$ d) $\left(\dfrac{3}{4}\right)^{8}$ e) $\dfrac{2}{3}$ f) $\left(\dfrac{4}{3}\right)^{17}$

432 a) $86 - 18\sqrt{5}$ b) $11 - 4\sqrt{7}$ c) -29 d) $159 + 24\sqrt{42}$
e) $15 - 10\sqrt{2}$ f) -22

433 a) $\dfrac{1}{2^4 \cdot 3^4 \cdot 5}\sqrt[3]{\dfrac{1}{5}}$ b) $3 \cdot \sqrt[3]{2}$ c) $\dfrac{a^4}{b^3}\sqrt{c \cdot a}$

d) $\dfrac{7}{3^4 \cdot 5}\sqrt{\dfrac{1}{3 \cdot 5}}$ e) $5^3 \cdot \sqrt{3 \cdot 5}$ f) $v \cdot b \cdot \sqrt[4]{v^2 \cdot b^3}$

434 a) 5^{13} b) 5^{20} c) 3^7 d) 5^{16} e) 2^{28} f) 5^{15}

435 a) $a^3 \cdot \sqrt[4]{3 \cdot 5}$ b) $\dfrac{2 \cdot 5 \cdot 7^2}{3}\sqrt{2 \cdot 7}$ c) $3 \cdot 7 \cdot \sqrt{\dfrac{3}{5}}$

d) $\dfrac{3}{7}\sqrt{\dfrac{2 \cdot 3}{7}}$ e) $\dfrac{2^3 \cdot 3^3}{5}\sqrt[3]{2^2 \cdot 3^2}$ f) $2 \cdot 3 \cdot \sqrt[3]{2 \cdot 3 \cdot 7}$

436 a) 689 b) 113 c) 17 d) 768 e) 59 f) 129

437 a) $\sqrt[6]{2}$ b) $\sqrt[32]{3^{15}}$ c) $\sqrt[9]{3^{14}}$ d) $\sqrt[21]{17^9 \times 2^7}$

e) $\sqrt[6]{\dfrac{13^9}{5^2}}$ f) $\sqrt[6]{5^7}$

438 a) $7 - 2\sqrt{6}$ b) $41 - 24\sqrt{2}$ c) 4 d) $25 + 4\sqrt{6}$
e) $58 - 6\sqrt{65}$ f) -6

439
a) $-22\sqrt[3]{7}$
b) $-8\sqrt[3]{7}$
c) $45\sqrt[3]{3}$
d) $24\sqrt[3]{3}$

e) $23\sqrt[3]{3}$
f) $27\sqrt[3]{3}$

440
a) $-16\sqrt[3]{5}$
b) $62\sqrt[3]{7}$
c) $40\sqrt[3]{7}$
d) $16\sqrt[3]{3}$

e) $11\sqrt[3]{5}$
f) $9\sqrt[3]{3}$

441
a) $\dfrac{15626}{25}$
b) $\dfrac{7775}{216}$
c) $\dfrac{9}{512}$
d) $\dfrac{1025}{16}$
e) $\dfrac{3126}{25}$
f) $\dfrac{244}{9}$

442
a) *Integer root = 276. Remainder = 517*
b) *Integer root = 923. Remainder = 1253*
c) *Integer root = 286. Remainder = 0*
d) *Integer root = 216. Remainder = 62*
e) *Integer root = 57. Remainder = 33*
f) *Integer root = 58. Remainder = 75*

443
a) *Integer root = 23. Remainder = 14*
b) *Integer root = 21. Remainder = 19*
c) *Integer root = 7. Remainder = 5*
d) *Integer root = 5. Remainder = 6*
e) *Integer root = 9. Remainder = 0*
f) *Integer root = 7. Remainder = 2*

444
a) $3^{1/3}$
b) $13^{8/13}$
c) $17^{1/12}$
d) $19^{1/2}$
e) $7^{1/17}$
f) $5^{13/15}$

445
a) $\sqrt[14]{3^{11}}$
b) $\sqrt[4]{5}$
c) $\sqrt[3]{17}$
d) $\sqrt[3]{13}$
e) $\sqrt[3]{7}$
f) $\sqrt[11]{5^7}$

446
a) $\sqrt[4]{11^3}$
b) $\sqrt[4]{11^3 \times 3^{14}}$
c) $\sqrt[6]{\dfrac{5^9}{2^{16}}}$
d) $\sqrt[4]{7^{13}}$

e) $\sqrt[6]{5}$
f) $\sqrt[9]{2}$

447
a) $\dfrac{16806}{343}$
b) $\dfrac{127}{16}$
c) $\dfrac{7775}{216}$
d) $\dfrac{31}{8}$
e) $\dfrac{728}{81}$
f) $\dfrac{5}{256}$

448
a) $\dfrac{14\sqrt{22}}{11}$
b) $\dfrac{\sqrt{105}}{7}$
c) $\dfrac{16\sqrt{3}}{3}$
d) $\dfrac{15\sqrt{21}}{7}$

e) $\dfrac{\sqrt{26}}{2}$
f) $\dfrac{10\sqrt{3}}{3}$

449
a) $\dfrac{10\sqrt[3]{7}}{7}$
b) $\dfrac{23\sqrt[7]{26}}{13}$
c) $\dfrac{\sqrt[4]{22^3}}{11}$
d) $\dfrac{8\sqrt[4]{87^3}}{29}$

e) $\dfrac{22\sqrt[7]{29^5}}{29}$
f) $\dfrac{25\sqrt[7]{11}}{11}$

450 a) $\dfrac{5\sqrt{55}}{11}$ b) $\dfrac{\sqrt{26}}{2}$ c) $\dfrac{5\sqrt{11}}{11}$ d) $\dfrac{4\sqrt{26}}{13}$

e) $\dfrac{\sqrt{154}}{11}$ f) $\dfrac{6\sqrt{11}}{11}$

451 a) $-24\sqrt[3]{5}$ b) $-9\sqrt[3]{2}$ c) $19\sqrt[3]{5}$ d) $30\sqrt[3]{3}$

e) $29\sqrt[3]{5}$ f) $-12\sqrt[3]{3}$

452 a) 3^{22} b) 3^{13} c) 7^6 d) 3^{16} e) 3^{21} f) 2^{13}

453 a) $\dfrac{6\sqrt{3}-3}{22}$ b) $\dfrac{17\sqrt{41}+85}{16}$ c) $\dfrac{13+2\sqrt{13}}{9}$ d) $\dfrac{44\sqrt{2}-55}{7}$

e) $\dfrac{-18-15\sqrt{2}}{7}$ f) $\dfrac{-6-5\sqrt{6}}{19}$

454 a) $3\cdot\sqrt[4]{\dfrac{5^2}{2^3}}$ b) $\dfrac{5}{7}\cdot\sqrt{\dfrac{3}{2}}$ c) $3\cdot a^2\cdot\sqrt{b}$

d) $\dfrac{2^4\cdot3}{5}\cdot\sqrt{\dfrac{1}{5\cdot7}}$ e) $2\cdot5\cdot7^3\cdot\sqrt{2}$ f) $2\cdot5^4\cdot7\cdot\sqrt[3]{7}$

455 a) 3^{22} b) 5^5 c) 1 d) 3^{54} e) 2^{22} f) 5

456 a) *Integer root = 7. Remainder = 14* b) *Integer root = 9. Remainder = 9*
c) *Integer root = 7. Remainder = 3* d) *Integer root = 12. Remainder = 3*
e) *Integer root = 4. Remainder = 4* f) *Integer root = 18. Remainder = 0*

457 a) $\dfrac{-7-5\sqrt{7}}{18}$ b) $\dfrac{26\sqrt{3}-13}{22}$ c) $\dfrac{-19\sqrt{7}-133}{42}$ d) $\dfrac{43+5\sqrt{43}}{18}$

e) $\dfrac{-7\sqrt{7}+28}{9}$ f) $\dfrac{-4\sqrt{7}-32}{57}$

458 a) $\sqrt[12]{11}$ b) $\sqrt[3]{11}$ c) $\sqrt[14]{13^3}$ d) $\sqrt[7]{7^4}$ e) $\sqrt[8]{7}$ f) $\sqrt[3]{5}$

459 a) $\dfrac{6\sqrt{11}}{11}$ b) $\dfrac{18\sqrt{11}}{11}$ c) $\dfrac{2\sqrt{21}}{7}$ d) $\dfrac{\sqrt{104}}{13}$

e) $\dfrac{16\sqrt{7}}{7}$ f) $\dfrac{4\sqrt{15}}{5}$

460   **a)** $24\sqrt[3]{3}$ **b)** $-11\sqrt[3]{3}$ **c)** $25\sqrt[3]{5}$ **d)** $4\sqrt[3]{3}$

        e) $-18\sqrt[3]{7}$ **f)** $16\sqrt[3]{5}$

461   **a)** *Integer root = 28. Remainder = 33*   **b)** *Integer root = 26. Remainder = 44*
        c) *Integer root = 6. Remainder = 10*   **d)** *Integer root = 20. Remainder = 18*
        e) *Integer root = 6. Remainder = 4*   **f)** *Integer root = 9. Remainder = 3*

462   **a)** $\dfrac{13\sqrt[8]{51}}{17}$ **b)** $\dfrac{35\sqrt[9]{23^7}}{23}$ **c)** $\dfrac{23\sqrt[7]{33^6}}{11}$ **d)** $\dfrac{23\sqrt[7]{22^3}}{11}$

        e) $\dfrac{10\sqrt[7]{23}}{23}$ **f)** $\dfrac{15\sqrt[7]{44}}{11}$

463   **a)** $10\sqrt{3}$ **b)** $20\sqrt{3}$ **c)** $34\sqrt{7}$ **d)** $-24\sqrt{3}$

        e) $-2\sqrt{3}$ **f)** $14\sqrt{5}$

464   **a)** 472 **b)** 113 **c)** -17 **d)** 297 **e)** 232 **f)** -17

465   **a)** $\left(\dfrac{4}{5}\right)^{13}$ **b)** $\left(\dfrac{4}{3}\right)^{74}$ **c)** $\left(\dfrac{7}{3}\right)^{21}$ **d)** $\left(\dfrac{5}{3}\right)^{11}$ **e)** $\left(\dfrac{4}{3}\right)^{5}$ **f)** $\left(\dfrac{8}{5}\right)^{26}$

466   **a)** 5^{50} **b)** 3^{35} **c)** 5^{25} **d)** 5^{21} **e)** 3^{27} **f)** 11^{45}

467   **a)** $\sqrt[3]{17}$ **b)** $\sqrt[3]{2}$ **c)** $\sqrt[11]{11^2}$ **d)** $\sqrt[17]{17^2}$ **e)** $\sqrt[10]{3}$ **f)** $\sqrt[3]{5}$

468   **a)** $\dfrac{3\sqrt{7}}{7}$ **b)** $\dfrac{16\sqrt{15}}{5}$ **c)** $\dfrac{5\sqrt{13}}{13}$ **d)** $\dfrac{\sqrt{78}}{13}$

        e) $\dfrac{9\sqrt{10}}{5}$ **f)** $\dfrac{\sqrt{70}}{5}$

469   **a)** $88-18\sqrt{7}$ **b)** $6-2\sqrt{5}$ **c)** $25+4\sqrt{39}$ **d)** $105-6\sqrt{66}$
        e) 89 **f)** $59+8\sqrt{33}$

470   **a)** $\dfrac{16\sqrt[3]{51}}{17}$ **b)** $\dfrac{25\sqrt[8]{6}}{3}$ **c)** $\dfrac{5\sqrt[3]{31^2}}{31}$ **d)** $\dfrac{31\sqrt[6]{15}}{5}$

        e) $\dfrac{37\sqrt[7]{29^5}}{29}$ **f)** $\dfrac{5\sqrt[8]{57^3}}{19}$

471   **a)** 2^{20} **b)** 2^{14} **c)** 3^{5} **d)** 3^{12} **e)** 3^{28} **f)** 3^{2}

472   **a)** *Integer root = 298. Remainder = 49*   **b)** *Integer root = 88. Remainder = 0*
        c) *Integer root = 39. Remainder = 56*   **d)** *Integer root = 785. Remainder = 0*
        e) *Integer root = 223. Remainder = 86*   **f)** *Integer root = 666. Remainder = 0*

473   **a)** $\dfrac{a^3}{2}\cdot\sqrt[4]{a}$ **b)** $\dfrac{1}{7}\cdot\sqrt{\dfrac{2\cdot3\cdot5}{7}}$ **c)** $\dfrac{2}{5}\cdot\sqrt{3}$

d) $\dfrac{5^4}{7^3}\cdot\sqrt[5]{\dfrac{2^3\cdot5^3}{7^3}}$ **e)** $\dfrac{3}{5}\cdot\sqrt{\dfrac{2}{5\cdot a}}$ **f)** $5\cdot7\cdot\sqrt[3]{\dfrac{5^2\cdot7}{2^2}}$

474   **a)** $\dfrac{8\sqrt{33}}{11}$ **b)** $\dfrac{\sqrt{14}}{7}$ **c)** $\dfrac{10\sqrt{3}}{3}$ **d)** $\dfrac{19\sqrt{10}}{2}$

e) $\dfrac{\sqrt{165}}{11}$ **f)** $\dfrac{7\sqrt{2}}{2}$

475   **a)** $\dfrac{41+3\sqrt{41}}{32}$ **b)** $-8\sqrt{3}+16$ **c)** $\dfrac{-13\sqrt{29}-91}{20}$ **d)** $\dfrac{-18-15\sqrt{2}}{7}$

e) $\dfrac{-11\sqrt{3}+44}{13}$ **f)** $6\sqrt{6}+12$

476   **a)** *Integer root = 257. Remainder = 255*   **b)** *Integer root = 240. Remainder = 184*
c) *Integer root = 347. Remainder = 0*   **d)** *Integer root = 270. Remainder = 293*
e) *Integer root = 518. Remainder = 645*   **f)** *Integer root = 92. Remainder = 16*

477   **a)** $\sqrt[17]{19^6}$ **b)** $\sqrt[7]{17^4}$ **c)** $\sqrt[3]{17}$ **d)** $\sqrt[14]{13}$ **e)** $\sqrt[11]{13^9}$ **f)** $\sqrt[3]{3}$

478   **a)** $6-2\sqrt{5}$ **b)** -59 **c)** $69+28\sqrt{5}$ **d)** $78-16\sqrt{14}$
e) 12 **f)** $3+2\sqrt{2}$

479   **a)** $\left(\dfrac{3}{5}\right)^{36}$ **b)** $\left(\dfrac{2}{5}\right)^{9}$ **c)** $\left(\dfrac{3}{2}\right)^{16}$ **d)** $\left(\dfrac{5}{3}\right)^{23}$ **e)** $\left(\dfrac{3}{4}\right)^{46}$ **f)** $\left(\dfrac{3}{2}\right)^{3}$

480   **a)** 11^{13} **b)** 5^{22} **c)** 3^{22} **d)** 3^{7} **e)** 5^{34} **f)** 3^{14}

481   **a)** $-11\sqrt{3}$ **b)** $-13\sqrt{5}$ **c)** $-16\sqrt{5}$ **d)** $-9\sqrt{2}$

e) $-32\sqrt{3}$ **f)** $-15\sqrt{5}$

482   **a)** 3^{15} **b)** 2^{48} **c)** 2^{19} **d)** 3^{7} **e)** 3^{14} **f)** 3^{6}

483   **a)** $2\cdot3\cdot\sqrt[5]{2^3\cdot3^3\cdot7^4}$ **b)** $\dfrac{3\cdot a}{5}\cdot\sqrt[4]{\dfrac{3^2\cdot a^2}{5}}$ **c)** $\dfrac{3^4\cdot5}{7}\cdot\sqrt[5]{\dfrac{5}{7^4}}$

d) $2\cdot7\cdot\sqrt[3]{\dfrac{3\cdot7^2}{5}}$ **e)** $2\cdot3^3\cdot7^2\cdot\sqrt{2\cdot3\cdot5}$ **f)** $\dfrac{3^3}{a}\cdot\sqrt{\dfrac{2\cdot5}{a}}$

484   **a)** $\sqrt[14]{5^3}$ **b)** $\sqrt[15]{13^4}$ **c)** $\sqrt[3]{7}$ **d)** $\sqrt[13]{3^2}$ **e)** $\sqrt[8]{11^5}$ **f)** $\sqrt[14]{5^9}$

485 **a)** *Integer root = 58. Remainder = 53*   **b)** *Integer root = 284. Remainder = 381*
c) *Integer root = 275. Remainder = 170*   **d)** *Integer root = 37. Remainder = 53*
e) *Integer root = 285. Remainder = 444*   **f)** *Integer root = 184. Remainder = 72*

486 **a)** $\sqrt[8]{2 \times 3^{28}}$ **b)** $\sqrt[6]{\dfrac{2^4}{7^9}}$ **c)** $\sqrt[14]{7^{11}}$ **d)** $\sqrt[4]{2^3}$

e) $\sqrt[63]{11}$ **f)** $\sqrt[4]{7^3}$

487 **a)** $-15\sqrt{5}$ **b)** $29\sqrt{3}$ **c)** $-4\sqrt{3}$ **d)** $5\sqrt{2}$

e) 0 **f)** $-5\sqrt{5}$

488 **a)** $\dfrac{19684}{81}$ **b)** $\dfrac{8}{343}$ **c)** $\dfrac{15626}{25}$ **d)** $\dfrac{4095}{256}$ **e)** $\dfrac{6}{625}$ **f)** $\dfrac{16806}{343}$

489 **a)** $5^3 \cdot \sqrt{3}$ **b)** $a \cdot \sqrt[5]{\dfrac{a^4}{3^3}}$ **c)** $\dfrac{3}{2}\sqrt{\dfrac{5}{2}}$

d) $\dfrac{2^3 \cdot 5}{7} \cdot \sqrt[4]{2^3}$ **e)** $\dfrac{3}{a} \cdot \sqrt[5]{3^4}$ **f)** $3 \cdot 7 \cdot \sqrt{2}$

490 **a)** $-24\sqrt{5}$ **b)** $-9\sqrt{7}$ **c)** $22\sqrt{2}$ **d)** $39\sqrt{3}$

e) $-29\sqrt{3}$ **f)** $7\sqrt{5}$

491 **a)** $\left(\dfrac{3}{4}\right)^{47}$ **b)** $\left(\dfrac{3}{4}\right)^{64}$ **c)** $\left(\dfrac{3}{4}\right)^{19}$ **d)** $\left(\dfrac{3}{4}\right)^{8}$ **e)** $\left(\dfrac{3}{4}\right)^{15}$ **f)** $\left(\dfrac{3}{5}\right)^{45}$

492 **a)** *Integer root = 191. Remainder = 353*   **b)** *Integer root = 132. Remainder = 7*
c) *Integer root = 437. Remainder = 0*   **d)** *Integer root = 80. Remainder = 36*
e) *Integer root = 93. Remainder = 38*   **f)** *Integer root = 258. Remainder = 5*

493 **a)** $\dfrac{26\sqrt[9]{21^7}}{7}$ **b)** $\dfrac{19\sqrt[3]{3^2}}{3}$ **c)** $\dfrac{31\sqrt[4]{29}}{29}$ **d)** $\dfrac{15\sqrt[4]{92}}{23}$

e) $\dfrac{8\sqrt[5]{29^2}}{29}$ **f)** $\dfrac{23\sqrt[4]{57}}{19}$

494 **a)** $-\sqrt{7}$ **b)** $26\sqrt{3}$ **c)** $35\sqrt{5}$ **d)** $7\sqrt{2}$

e) $16\sqrt{5}$ **f)** $29\sqrt{5}$

Made in United States
North Haven, CT
04 April 2025

67583599R00072

SUMMARY